物联网专业课程系列教材

RFID原理及应用

梁庆中　樊媛媛　编

科学出版社

北　京

内容简介

本书系统地介绍了RFID（射频识别）技术的基本理论和在物联网中的应用。主要分为RFID工作原理、RFID数据管理及RFID系统应用三大部分。第1章介绍RFID技术与物联网技术的一些基本知识；第2章介绍RFID系统的基本组成和工作原理；第3章介绍读写器的基本原理和工作特征，电子标签的工作原理及特征，以及RFID系统中的天线技术；第4章介绍RFID中数据的表示方法及其完整性、安全性控制；第5章介绍RFID系统里中间件的工作原理及系统集成方法；第6章介绍基于标签识别的RFID系统在仓储应用中的实施过程；第7章以RFID的射频通信的信号特征作为识别参照，介绍利用RFID信号接收强度来识别人流量的应用系统的实施。

本书可作为物联网类专业的教材，也可供该专业研究生阅读参考，还可供从事网络工程、计算机应用技术等计算机科学的科技人员与研究人员参考。

图书在版编目（CIP）数据

RFID原理及应用／梁庆中，樊媛媛编. —北京：科学出版社，2018.11

物联网专业课程系列教材

ISBN 978-7-03-059744-1

Ⅰ. ①R… Ⅱ. ①梁… ②樊… Ⅲ. ①无线电信号-射频-信号识别-教材 Ⅳ. ①TN911.23

中国版本图书馆CIP数据核字（2018）第261810号

责任编辑：闫　陶／责任校对：邵　娜

责任印制：张　伟／封面设计：彬　峰

科学出版社 出版

北京东黄城根北街16号

邮政编码：100717

http://www.sciencep.com

北京凌奇印刷有限责任公司 印刷

科学出版社发行　各地新华书店经销

*

2018年11月第　一　版　开本：787×1092　1/16

2022年 3 月第五次印刷　印张：10 3/4

字数：254 000

定价：46.00元

（如有印装质量问题，我社负责调换）

前　言

射频识别（radio frequency identification，RFID）是通过无线射频方式获取物体的相关数据，并对物体加以识别的一种非接触式的自动识别技术。RFID 通过射频信号自动识别目标对象并获取相关数据，识别工作无须人工干预，可以识别高速运动的物体，可以同时识别多个目标，还可以实现远程读取，并可以工作于各种恶劣环境。RFID 技术不需要与物体直接接触，即可在较远距离上实现识别，并且能够快速、实时、准确地处理信息，是实现物联网的关键技术。

本书综合考虑以计算机专业为背景的学生的前导课程及能力基础，弱化 RFID 系统中的射频通信原理及读写器、标签电路的工作原理及设计等偏向通信工程专业的理论知识内容，侧重于 RFID 系统的工作原理与技术在工程中的应用，使学生能够更快地把理论与实际结合起来。

学习本书的目标在于：首先，让学生对物联网与 RFID 技术建立起完整的概念；其次，通过对 RFID 技术基本原理及关键技术的学习，进一步提高学生 RFID 技术的应用能力和使用技巧；第三，通过 RFID 应用实例设计及实现方法的学习与训练，激发学生对 RFID 应用技术的兴趣，培养学生的动手能力，理解 RFID 技术在物联网中的地位和作用。主要内容包括：物联网的基本概念和典型架构，射频识别技术的工作原理，无线射频识别的频率标准与技术规范，读写器和电子标签的结构，射频识别应用系统，RFID 在数据通信应用中的相关算法，以及实际 RFID 应用系统的设计与应用等内容。

本书由梁庆中、樊媛媛老师主编，姚宏、曾德泽老师参与编写。梁庆中老师拟定大纲和总纂，主编除了参与编写外，还对书中的内容作了修改和补充。樊媛媛、姚宏和曾德泽老师完成了各章节内容的资料收集与编写。其中，樊媛媛老师负责了 RFID 读写器与标签、物联网与 EPC 等部分，姚宏老师负责了射频通信中的编码与纠错、数据加密等部分，曾德泽老师负责了 RFID 在仓储中的应用及人流量的检测等部分。此外，李迎光、谢朝旭、魏子杰等同学为本书的书写排版、文字校对等也做了大量的工作。

本书在编写过程中吸收了国内外专家、学者的研究成果和物联网科技公司的 RFID 项目实施经验，搜集参考了大量相关的文献、著作、教材和网络资料，在此谨向所有专家、学者、参考文献的编著者表示衷心的感谢！

本书是编者老师们集体智慧的成果，尽管大家已尽了最大努力，但由于时间与水平所限，书中难免有疏漏之处，恳请读者批评指正。

作　者

2018 年 8 月 31 日于武汉南望山

目　录

前言
第1章　导论……1
1.1　物联网概述……1
1.1.1　什么是物联网……1
1.1.2　物联网认识误区……2
1.1.3　物联网关键技术……2
1.1.4　物联网的体系架构……5
1.1.5　信息安全……5
1.2　自动识别技术……6
1.2.1　自动识别技术概述……7
1.2.2　条码技术……7
1.2.3　磁条（卡）技术……7
1.2.4　射频识别技术……8
1.2.5　机器视觉……8
1.2.6　生物测量识别技术……9
1.2.7　接触记忆……9
1.2.8　光学字符识别技术……10
1.2.9　声音识别技术……10
1.2.10　视觉识别技术……11
1.3　条码技术及应用……12
1.3.1　条码类型……12
1.3.2　常用条码介绍……12
1.3.3　QR二维码原理……18
1.4　RFID技术……22
1.4.1　RFID的原理及系统组成……22
1.4.2　RFID系统应用……24
1.4.3　RFID技术应用存在的问题……24
1.4.4　RFID技术未来的发展……25
1.5　RFID的相关标准……26

1.5.1 标准总览……26
1.5.2 RFID在中国的相关标准……28
1.5.3 RFID相关标准的社会影响因素……29
1.5.4 RFID相关标准的推动力……29
第2章 射频识别系统的组成与工作原理……31
2.1 射频识别技术的简介……31
2.2 射频识别系统的分类……32
2.3 射频识别系统的组成……33
2.3.1 标签的组成……34
2.3.2 读写器的组成……35
2.4 射频识别系统的工作原理……36
2.4.1 耦合方式……36
2.4.2 通信流程……37
2.4.3 标签到读写器的数据传输方法……38
2.5 射频通信的菲涅耳区……38
2.5.1 菲涅耳区……38
2.5.2 地面反射……40
2.5.3 RFID电磁波的传播机制……41
2.5.4 菲涅耳区对天线部署的影响……41
2.6 RFID应用系统……42
2.6.1 概述……42
2.6.2 系统结构……42
2.6.3 RFID系统的应用领域……46
第3章 RFID读写器与标签……48
3.1 RFID标签知识……48
3.1.1 射频电子标签……48
3.1.2 不同频段RFID技术特性简述……50
3.1.3 如何选择RFID系统的工作频率……52
3.2 RFID读写器……56
3.2.1 RFID读写器的功能……56
3.2.2 RFID读写器的工作原理……56
3.2.3 读写器系统的组成……57
3.2.4 读写器的分类……57
3.2.5 读写器的选择……57
3.3 读写器与标签的天线技术……58
3.3.1 读写器天线设计技术……58
3.3.2 读写器天线制造技术……58
3.3.3 RFID标签天线设计……59

第 4 章　RFID 系统中的数据表示 …… 60
4.1　物联网与产品电子代码 …… 60
4.1.1　物联网与产品电子代码的关系 …… 60
4.1.2　EPC 的定义 …… 61
4.1.3　EPC 的产生 …… 62
4.1.4　EPC 系统的构成 …… 63
4.1.5　EPC 系统的特点 …… 67
4.1.6　EPC 系统的工作流程 …… 67
4.2　射频通信中的信号编码 …… 68
4.2.1　模拟信号数字化的转换过程 …… 68
4.2.2　模拟信号调制 …… 69
4.2.3　数字数据的数字信号编码 …… 70
4.3　射频通信中的纠错编码方式 …… 72
4.3.1　奇偶监督码 …… 72
4.3.2　行列监督码 …… 73
4.3.3　恒比码 …… 73
4.3.4　汉明码 …… 74
4.3.5　循环码 …… 76
4.3.6　RS 码 …… 77
4.3.7　连环码（卷积码） …… 78
4.4　RFID 防冲突算法 …… 79
4.4.1　RFID 的防冲突机制 …… 79
4.4.2　Aloha 算法 …… 81
4.4.3　二进制树算法 …… 82
4.5　数据加密技术 …… 84
4.5.1　数据加密基本概念 …… 84
4.5.2　加密算法原理及分析 …… 86
4.5.3　加密技术在网络中的应用及发展 …… 88
第 5 章　RFID 系统的中间件技术 …… 90
5.1　中间件技术简介 …… 90
5.1.1　为什么要中间件 …… 90
5.1.2　中间件的起源 …… 90
5.1.3　中间件的概念 …… 92
5.1.4　中间件的未来 …… 97
5.2　RFID 中间件概述 …… 98
5.2.1　什么是 RFID 中间件 …… 98
5.2.2　RFID 的三个中间阶段 …… 99
5.2.3　RFID 中间件两个应用方向 …… 99

5.2.4 RFID 中间件的原理 …… 100
5.2.5 RFID 中间件的分类 …… 100
5.2.6 RFID 中间件的特征 …… 100
5.2.7 如何将现有的系统与新的 RFID 读写器连接 …… 101
5.3 RFID 中间件在 RFID 系统中的作用和功能 …… 101
5.3.1 RFID 系统架构简介 …… 101
5.3.2 RFID 中间件技术及其优势 …… 102
5.3.3 RFID 中间件的功能和作用 …… 104
5.4 物联网的中间件 …… 106
5.5 RFID 中间件——ALE 介绍 …… 112
第 6 章 RFID 技术在仓储中的应用 …… 120
6.1 射频识别技术在小型卷钢仓储的应用部署 …… 120
6.1.1 背景 …… 120
6.1.2 非规则仓位卷钢仓储模式对 RFID 系统的影响 …… 121
6.1.3 RFID 的部署 …… 123
6.1.4 实例分析 …… 125
6.1.5 小结 …… 127
6.2 基于位置识别的仓库管理系统的需求分析 …… 127
6.2.1 系统业务流程分析 …… 127
6.2.2 系统数据流分析 …… 128
6.2.3 数据词典 …… 128
6.3 系统总体设计 …… 129
6.3.1 系统模块总体设计 …… 129
6.3.2 数据库的设计 …… 129
6.4 系统详细设计 …… 133
6.4.1 登录模块 …… 133
6.4.2 仓库初始化模块 …… 133
6.4.3 基本信息模块 …… 136
6.4.4 进货管理模块 …… 141
6.4.5 出库管理 …… 143
6.4.6 库存查询 …… 144
6.4.7 报表打印功能 …… 146
第 7 章 基于 RFID 的公共场所人流量监控 …… 147
7.1 背景 …… 147
7.1.1 现有技术分析 …… 147
7.1.2 应用 RFID 技术的解决思路 …… 148
7.2 障碍物对 RFID 链路状态的影响 …… 149
7.2.1 障碍物对 RFID 信号强度的影响实验 …… 149

7.2.2 障碍物宽度对RFID信号强度的影响 …… 149
7.2.3 不同遮挡范围对RFID信号强度的影响 …… 150
7.3 基于RFID技术的人流量监控系统 …… 152
7.3.1 系统构成 …… 152
7.3.2 基于LSI提取人群覆盖面积的原始数据 …… 153
7.3.3 基于矩阵对人群覆盖面的分析 …… 154
7.4 人群移动速度及范围检测 …… 155
7.4.1 相同范围不同速度RSSI值变化趋势研究 …… 156
7.4.2 相同速度不同范围RSSI值变化趋势研究 …… 157
7.4.3 依据人群移动速度及范围判断当前人流量 …… 159
参考文献 …… 162

第 1 章
导　论

1.1　物联网概述

物联网是一个基于互联网、传统电信网的信息承载体，让所有能够被独立寻址的普通物理对象实现互联互通的网络，是新一代信息技术的重要组成部分，近年来发展迅速，具有广阔的应用前景。作为动态的全球网络基础设施，它的根本是物与物、人与物之间的信息传递与控制。

1.1.1　什么是物联网

1999 年，Ashton 教授在研究 RFID 时在美国召开的移动计算和网络国际会议上首先提出物联网（internet of things）这个词；2005 年在突尼斯举行的信息社会世界峰会上，国际电信联盟正式提出了物联网的概念；如今，各国政府重视下一代的技术规划，纷纷将物联网作为信息技术发展的重点。IBM 更是提出“智慧的地球”的策略，并且希望在基础建设的执行中，植入“智慧”的理念，从而带动经济的发展和社会的进步，希望以此掀起“互联网”浪潮之后的又一次科技产业革命。

物联网是将无处不在的末端设备和设施，包括具备“内在智能”的传感器、移动终端、工业系统、楼控系统、家庭智能设施、视频监控系统等及“外在使能”的，例如贴上 RFID 的各种资产、携带无线终端的个人与车辆等“智能化物件或动物”或“智能尘埃”，通过各种无线/有线的长距离/短距离通信网络实现互联互通、应用大集成，以及基于云计算的软件即服务营运等模式，提供安全可控乃至个性化的实时在线监测、定位追溯、报警联动、调度指挥、预案管理、远程控制、安全防范、远程维保、在线升级、统计报表、决策支持、领导桌面等管理和服务功能，实现对“万物”的“高效、节能、安全、环保”的“管、控、营”一体化。

物联网是新一代信息技术的重要组成部分。由此，顾名思义“物联网就是物物相连的互联网”。这有两层意思：第一，物联网的核心和基础仍然是互联网，是在互联网基础上延伸和扩展的网络；第二，其用户端延伸和扩展到了任意物品与物品之间，进行信息交换和通信。因此，物联网技术的定义是：通过射频识别（RFID）、红外感应器、全球定位系统、激光扫描器等信息传感设备，按约定的协议，将任意物品与互联网相连接，进行信息交换和通信，以实现智能化识别、定位、追踪、监控和管理的一种网络技术。

1.1.2 物联网认识误区

由于物联网属于综合性、跨行业性很强的产业，各行业在对物联网的认识上，都会结合自身行业特点，给出行业的物联网定义。但综合来看，目前各行业对物联网的认识也还存在以下一些误区。

1. 物联网就是传感网

把传感网或 RFID 网等同于物联网。事实上传感技术、RFID 技术，都仅是信息采集技术之一。除传感技术和 RFID 技术外，GPS、视频识别、红外、激光、扫描等所有能够实现自动识别与物物通信的技术都可以成为物联网的信息采集技术。传感网或者 RFID 网只是物联网的一种应用，但绝不是物联网的全部。

2. 物联网是个巨大的网络

把物联网当成互联网的无限延伸，把它当成所有物的完全开放、全部互连、全部共享的互联网平台。实际上，物联网绝不是简单的全球共享互联网的无限延伸，互联网也不仅指我们通常认为的国际共享的计算机网络，互联网也有广域网和局域网之分。

物联网既可以是我们通常意义上的互联网向物的延伸；也可以根据现实需要及产业应用组成局域网、专业网。现实中没必要也不可能使全部物品联网；也没必要使专业网、局域网都必须连接到全球互联网共享平台。今后的物联网与互联网会有很大不同，类似智慧物流、智能交通、智能电网等专业网、智能小区等局域网才是最大的应用空间。

3. 物联网实现起来很难

认为物联网就是物物互联的无所不在的网络，是空中楼阁，是目前很难实现的技术。事实上物联网是实实在在的，很多初级的物联网应用早就在为我们服务着。物联网理念就是在很多现实应用基础上推出的聚合型集成的创新，是对早就存在的具有物物互联的网络化、智能化、自动化系统的概括与提升，它从更高的角度升级了我们的认识。

4. 只要设备连上网就可以叫物联网

把物联网当成个筐，什么都往里装；基于自身认识，把仅能互动、通信的产品都当成物联网应用。例如，仅仅嵌入了一些传感器，就成为所谓的物联网家电；把产品贴上了 RFID 标签，就成了物联网应用等。

1.1.3 物联网关键技术

1. 感知技术

感知技术也可以称为信息采集技术，它是实现物联网的基础。目前，信息采集主要采用电子标签和传感器等方式完成。在感知技术中，电子标签用于对采集的信息进行标准化标识，数据采集和设备控制通过射频识别读写器、二维码识读器等实现。

1）RFID

射频识别（RFID），是一种通信技术，可通过无线电信号识别特定目标并读写相关数据，而无须识别系统与特定目标之间建立机械或光学接触，即是一种非接触式的自动识别技术。它由三部分组成：标签；读写器；天线。

标签——由耦合元件及芯片组成，具有存储与计算功能，可附着或植入手机、护照、身份证、人体、动物、物品、票据中，每个标签具有唯一的电子编码，附着在物体上用于唯一标识目标对象。根据标签的能量来源，可以将其分为被动式标签、半被动式标签和主动式标签。根据标签的工作频率，又可将其分为低频（low frequency，LF）（30～300 kHz）、高频（high frequency，HF）（3～30 MHz）、超高频（ultra high frequency，UHF）（300～968 MHz）和微波（micro wave，MW）（2.45～5.8 GHz）。

读写器——读取（有时还可以写入）标签信息的设备，可设计为手持式或固定式，读写器根据使用的结构和技术不同可以是读或读/写装置，是 RFID 系统信息控制和处理中心。读书器通常由耦合模块、收发模块、控制模块和接口单元组成。读写器和应答器之间一般采用半双工通信方式进行信息交换，同时，读写器通过耦合给无源应答器提供能量和时序。在实际应用中，可进一步通过 Ethernet 或 WLAN 等实现对物体识别信息的采集、处理及远程传送等管理功能。

天线——在标签和读写器间传递射频信号。

标签进入磁场后，接收读写器发出的射频信号，凭借感应电流所获得的能量发送出存储在芯片中的产品信息，或者由标签主动发送某一频率的信号，读写器读取信息并解码后，送至中央信息系统进行有关数据处理，如图 1.1 所示。

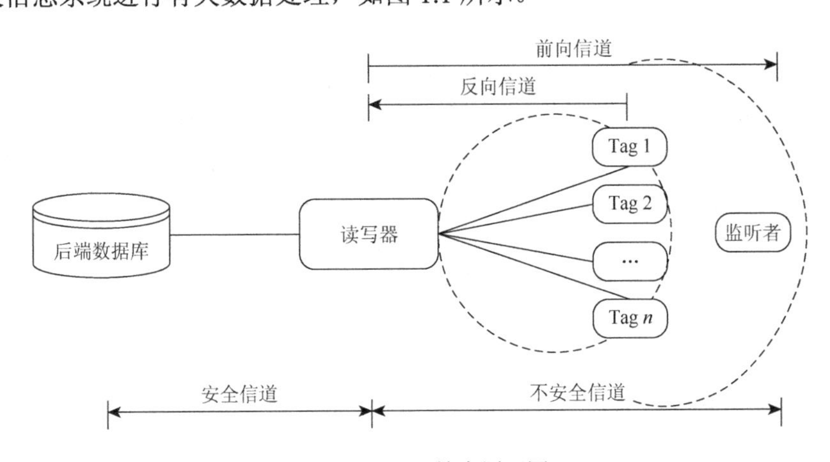

图 1.1　RFID 技术原理图

RFID 面临的问题主要包含以下几点。

（1）数据安全。由于任何实体都可读取标签，因此敌手可将自己伪装成合法标签，或者通过进行拒绝服务攻击，从而对标签的数据安全造成威胁。

（2）隐私。将标签 ID 和用户身份相关联，从而侵犯个人隐私。未经授权访问标签信息，得到用户在消费习惯、个人行踪等方面的隐私。与隐私相关的安全问题主要包括信息泄露和追踪。

（3）复制。约翰·霍普金斯大学和 RSA 实验室的研究人员指出 RFID 标签中存在的一个严重安全缺陷是标签可被复制。

2）传感器

传感器是机器感知物质世界的“感觉器官”，用来感知信息采集点的环境参数。它可以感知热、力、光、电、声、位移等信号，为物联网系统的处理、传输、分析和反馈提供最原始的信息。随着电子技术的不断进步，传统的传感器正逐步实现微型化、智能化、信息化、网络化；同时，我们也正经历着一个从传统传感器到智能传感器再到嵌入式 Web 传感器不断发展的过程。

2. 网络通信技术

在物联网的机器到机器、人到机器和机器到人的信息传输中，有多种通信技术可供选择，主要分为有线（例如 DSL、PON 等）和无线（例如 CDMA、GPRS、IEEE 802.11 a/b/g WLAN 等）两大类技术，这些技术均已相对成熟。在物联网的实现中，格外重要的是无线传感网技术。

1）M2M

M2M（machine to machine）即机器对机器通信，M2M 的重点在于机器对机器的无线通信，存在以下三种方式：机器对机器，机器对移动电话（例如用户远程监视），移动电话对机器（例如用户远程控制）。在 M2M 中，GSM/GPRS/UMTS 是主要的远距离连接技术，其近距离连接技术主要有 802.11 b/g、BlueTooth、ZigBee、RFID 和 UWB。此外，还有一些其他技术，例如 XML 和 Corba，以及基于 GPS、无线终端和网络的位置服务技术。

2）无线传感网

传感网的定义为随机分布的集成有传感器、数据处理单元和通信单元的微小节点，通过自组织的方式构成的无线网络。借助于节点中内置的传感器测量周边环境中的热量、红外、声呐、雷达和地震波信号，从而探测包括温度、湿度、噪声、光强度、压力、土壤成分、移动物体的速度和方向等物质现象。集分布式信息采集、传输和处理技术于一体的网络信息系统，以其低成本、微型化、低功耗和灵活的组网方式、铺设方式以及适合移动目标等特点受到广泛重视。目前，面向物联网的传感网，主要涉及以下几项技术：测试及网络化测控技术、智能化传感网节点技术、传感网组织结构及底层协议、对传感网自身的检测与自组织、传感网安全。

3. 数据融合与智能技术

物联网是由大量传感网节点构成的，在信息感知的过程中，采用各个节点单独传输数据到汇聚节点的方法是不可行的。因为网络存在大量冗余信息，会浪费大量的通信带宽和宝贵的能量资源。此外，还会降低信息的收集效率，影响信息采集的及时性，所以需要采用数据融合与智能技术进行处理。

所谓数据融合是指将多种数据或信息进行处理，组合出高效且符合用户需求的数据的过程。海量信息智能分析与控制是指依托先进的软件工程技术，对物联网的各种信息进行海量存储与快速处理，并将处理结果实时反馈给物联网的各种“控制”部件。

智能技术是为了有效地达到某种预期的目的，利用知识分析后所采用的各种方法和手段。通过在物体中植入智能系统，可以使物体具备一定的智能性，能够主动或被动的实现与用户的沟通，这也是物联网的关键技术之一。

根据物联网的内涵可知，要真正实现物联网需要感知、传输、控制及智能等多项技术。物联网的研究将带动整个产业链或者说推动产业链的共同发展。信息感知技术、网络通信技术、数据融合与智能技术、云计算等技术的研究与应用，将直接影响物联网的发展与应用，只有综合研究解决了这些关键技术问题，物联网才能得到快速推广，造福于人类社会，实现智慧地球的美好愿望。

4. 纳米材料技术

纳米材料技术是研究尺寸在0.1～100 nm的物质组成体系的运动规律和相互作用以及可能实际应用中的技术。目前，纳米材料技术在物联网技术中的应用主要体现在RFID设备、感应器设备的微小化设计、加工材料和微纳米加工技术上。

1.1.4 物联网的体系架构

物联网体系主要由运营支撑系统、传感网络系统、业务应用系统、无线通信网系统等组成。

通过传感网络，可以采集所需的信息，顾客在实践中可运用RFID读写器与相关的传感器等采集其所需的数据信息，当网关终端进行汇聚后，可通过无线网络运程将其顺利地传输至指定的应用系统中。此外，传感器还可以运用ZigBee与蓝牙等技术实现与传感器网关有效通信的目的。目前，市场上常见的传感器大部分都可以检测到相关的参数，包括压力、湿度或温度等。一些专业化、质量较高的传感器通常还可检测到重要的水质参数，包括浊度、水位、溶解氧、电导率、藻蓝素、pH值、叶绿素等。

运用传感器网关可以实现信息的汇聚，同时可运用通信网络技术使信息可以远距离传输，并顺利到达指定的应用系统中。目前，我国用于传感网组织的无线通信网络主要有3 G、WLAN、LTE、GPR，而4 G的布置仍然不多。

M2M平台具有一定的鉴权功能，因此可以为顾客提供必要的终端管理服务；同时，对于不同的接入方式，都可顺利接入M2M平台，因此可以更顺利、更方便地进行数据传输。此外，M2M平台还具备一定的管理功能，其介意对用户鉴权、数据路由等进行有效的管理。而对于BOSS系统，因为它具备较强的计费管理功能，所以在物联网业务中得到广泛的应用。

业务应用系统主要提供必要的应用服务，包括智能家居服务、一卡通服务、水质监控服务等，所服务的对象，不仅为个人用户，也可以是行业用户或家庭用户。在物联网体系中，通常存在多个通信接口，对通信接口未实施标准化处理，而在物联网应用方面，相关的法律与法规并不健全，这不利于物联网的安全发展。

1.1.5 信息安全

物联网的安全和互联网的安全问题一样，永远都会是一个被广泛关注的话题。由于物联网连接和处理的对象主要是机器或物以及相关的数据，其“所有权”特性导致物联网信息安全要求比以处理“文本”为主的互联网要高，对“隐私权”（privacy）保护的要求也更高（例如 ITU 物联网报告中指出的），此外还有可信度（trust）问题，包括“防伪”和 DoS（denial of services），即用伪造的末端冒充替换（eavesdropping 等手段）侵入系统，造成真正的末端无法使用等，由此有很多人呼吁要特别关注物联网的安全问题。

物联网系统的安全和一般 IT 系统的安全基本一样，主要有 8 个尺度，即读取控制、隐私保护、用户认证、不可抵赖性、数据保密性、通信层安全、数据完整性、随时可用性。前 4 项主要处在物联网三层架构（DCM）的应用层，后 4 项主要位于传输层和感知层。其中“隐私权”和“可信度”（数据完整性和保密性）问题在物联网体系中尤其受关注。如果从物联网系统体系架构的各个层面仔细分析，会发现现有的安全体系基本上可以满足物联网应用的需求，尤其在其初级和中级发展阶段。

物联网应用特有的（比一般 IT 系统更易受侵扰）安全问题有如下几种：①在末端设备或 RFID 持卡人不知情的情况下，信息被读取；②在一个通信通道的中间，信息被中途截取；③伪造复制设备数据，冒名输入系统中；④克隆末端设备，冒名顶替；⑤损坏或盗走末端设备；⑥伪造数据造成设备阻塞不可用；⑦用机械手段屏蔽电信号让末端无法连接。

主要针对上述问题，物联网发展的中、高级阶段面临如下 5 大特有的（在一般 IT 安全问题之上）信息安全挑战。

（1）网路相互连接组成的异构、多级、分布式网络导致统一的安全体系难以实现“桥接”和过渡。

（2）设备大小不一，存储和处理能力的不一致导致安全信息的传递和处理难以统一。

（3）设备可能无人值守、丢失、处于运动状态，连接可能时断时续、可信度差，种种因素增加了信息安全系统设计和实施的复杂度。

（4）在保证一个智能物件要被数量庞大，甚至未知的其他设备识别和接受的同时，又要保证其信息传递的安全性和隐私权。

（5）多租户单一 instance 服务器 SaaS 模式对安全框架的设计提出了更高的要求。

对于上述问题的研究和产品开发，目前国内外都还处于起步阶段，在 WSN（wireless sensor network，无线传感器网络）和 RFID 领域有一些针对性的研发工作，统一标准的物联网安全体系的问题目前还没提上议事日程，比物联网统一数据标准的问题更滞后。这两个标准密切相关，甚至合并到一起统筹考虑，其重要性不言而喻。

1.2 自动识别技术

自动识别技术是以计算机技术和通信技术的发展为基础的综合性科学技术，它将数据自动识别、自动采集并且自动输入计算机进行处理。自动识别技术近些年的发展日新月异，它已成为集计算机、光电、机电、通信技术为一体的高新技术学科，是当今世界高科技领域中的一项重要的系统工程。它可以帮助人们快速、准确地进行数据的自动采集和输入，解决计算机应用中数据输入速度慢、出错率高等问题。目前它已在邮电通信业、物资管理、物流、仓储、医疗卫生、安全检查、餐饮、旅游、票证管理等各行各业和人们的日常生活中得到广泛应用。

自动识别技术在20世纪70年代初步形成规模，通过几十年的发展，逐步形成了一门包括条码技术、磁卡（条）技术、智能卡技术、射频技术、光字符识别、生物识别和系统集成在内的高技术学科。应用最早、发展最快的条码识别技术已得到广泛的应用。

1.2.1 自动识别技术概述

1. 自动识别的概念

自动识别（automatic identification，Auto-ID）是通过将信息编码进行定义、代码化，并装载于相关的载体中，借助特殊的设备，实现定义信息的自动采集，并输入信息处理系统从而得出结论的识别。自动识别技术是以计算机技术和通信技术为基础的一门综合性技术，是数据编码、数据采集、数据标识、数据管理、数据传输的标准化手段。

2. 自动识别技术系统

自动识别系统是一个以信息处理为主的技术系统，它的输入端是将被识别的信息，输出端是已识别的信息。自动识别系统的输入信息分为特定格式信息和图像图形格式信息两大类。

1）特定格式信息识别系统

特定格式信息就是采用规定的表现形式来表示规定的信息。例如条码符号IC卡中的数据格式等。系统模型如下：

被识别对象→获取信息→译码→识别信息→已识别信息

2）图像图形格式信息识别系统

图像图形格式信息则是指二维图像与一维波形等信息。例如二维图像包括的文字、地图、照片、指纹、语音等。流程如下：

被识别对象→数据采集获取→预处理→特征提取与选择→分类决策→识别信息→已识别信息

1.2.2 条码技术

条码由一组规则排列的条、空和相应的字符组成。这种用条、空组成的数据编码可以供机器识读，而且很容易译成二进制数和十进制数。这些条和空可以有多种不同的组合方法，从而构成不同的图形符号，即各种符号体系，也称码制，适用于不同场合。

条码主要是收集人物、地点或物品的资料。它的应用范围是无限的，条码被用来进行物品追踪、控制库存、记录时间和出勤、监视生产过程、质量控制、检进检出、分类、订单输入、文件追踪、进出控制、个人识别、送货与收货、仓库管理、线路管理、售货点作业，以及包括追踪药物使用和病人收款等在内的医疗保健方面的应用。

条码本身不是一个系统，而是一种十分有效的识别工具，它提供准确及时的信息来支持成熟的管理系统。条码使用能够逐渐提高准确性和效率，节省开支并改进业务操作。

1.2.3 磁条（卡）技术

磁条技术应用了物理学的基本原理，对自动识别制造商来说，磁条就是把一层薄的由定向排列的铁性氧化粒子组成的材料（也称为涂料），用树脂黏合在诸如纸或塑料这样的非磁性基片上。

磁条技术的优点是：数据可读写，即具有现场改变数据的能力；数据存储量大，便于使用，成本低廉；具有一定的数据安全性；能黏附于不同规格和形式的基材上，这些优点，使之在很多领域得到广泛应用，例如信用卡、银行 ATM 卡、机票、公共汽车票、自动售货卡、现金卡（例如电话磁卡）等。

随着集成电路技术和计算机信息系统技术的全面发展，科学家们将具有处理能力和具有安全可靠、加密存储功能的集成电路芯片嵌装在一个与信用卡一样大小的基片中，组装成"集成电路卡"，国际上称为"smart card"，我们称之为"智能卡"。其最大的特点是具有独立的运算存储功能，在无源情况下，数据也不会丢失，数据安全和保密性都非常好，成本适中。智能卡与计算机系统相结合，可以方便地满足对各种各样信息的采集、传送、加密和管理的需要。它在银行、公路收费、水和燃气收费、海关车辆检查（汽车通过即时读写完毕）等许多领域都得到了广泛应用。

1.2.4 射频识别技术

射频识别技术的基本原理是电磁理论。射频系统的优点是不局限于视线，识别距离比光学系统远。射频识别卡具有读写能力，可携带大量数据，难以伪造。

射频识别（RFID）基本上是一种标签形式，将特殊的信息编码输进电子标签（或挂签），标签被粘贴在需要识别或追踪的物品上，例如货架、汽车、自动导向的车辆、动物等。

射频识别标签能够在人员、地点、物品和动物上使用。目前，最流行的应用是在交通运输（汽车和货箱身份证）、路桥收费、保安（进出控制）、自动生产和动物标签等方面。自动导向的汽车使用标签在场地上指导运行。其他包括自动存储和补充、工具识别、人员监控、包裹和行李分类、货架识别。

标签的设计很多，价格适合于应用。为动物设计的可植入的标签只有一颗米粒大小，而包含较大的电池，为远距离通信（甚至全球定位系统）而用的大型标签如同一部手持式电话。标签有主动型（带电池）和被动型（电力来自探询/识读传送器）两种。

标签的射频频率也有高低区分。高频率的标签能够更快传递信息，而且识读距离比低频率的大。低频率系统受环境干扰小，而且可以多方位识读。

1.2.5 机器视觉

机器视觉是指在没有人类干预的情况下使用计算机来处理和分析图像信息并作出结论。视觉系统在几类不同的应用中使用，包括自动识别、测量与检验、机器人指导与控制、材料搬运与分类，以及不同的自然科学与医药学（例如，X 光结果的解释和制图）。以视觉为基础的自动识别系统在那些要求机器视觉的应用中是一种自然的选择，例如，质量检验、测量与机械手组装线。在这些综合应用中，一套独立的视觉系统能够用来实现这两方面的功能。

视觉系统使用一个与计算机相连的摄像机来摄取图像，然后将它转换成机器可读的形式。这个过程被称作数字化。软件程序被用来处理这个数字化的图像，以取得需要的信息。

今天的大多数视觉系统使用特殊化的电子线路（硬件）而不是软件。因为硬件为基础的系统提供了非常高的图像处理速度。通常硬件越多，仪器的操作速度就越快。

许多不同的规则系统（即以数学为基础的处理程序与方法）已经发展来处理数字化图像。一些规则系统进行光学字符识别（optical character recognition，OCR）或识读条码。其他的则在一个固定的镜头内识别和寻找移动物品，或按物品的形状将它们分类（形状分辨）。

以前，因为一部普通的机器视觉系统所要求的硬件数量和软件的复杂性，机器视觉系统要比条码扫描器贵得多。现在，硬件的价格急速下降，使得机器视觉系统与条码扫描器的价格差大幅减少。随着更快的计算机晶片和电脑附加卡的出现，机器视觉系统的价格会继续下降。

机器视觉系统还在识读二维码符号法方面得到应用，特别是在低光源/低反差的情况下，激光扫描器或独立的光耦合（charge coupled device，CCD）扫描器不能识读条码，机器视觉系统得以应用。甚至在机器视觉成本高的时候，以视觉为基础的自动识别系统还是找到了在工业中的应用领域，而且现在继续发掘新的应用途径。这些应用通常用于那些自动识别系统的传统技术不能使用的地方。

机器视觉技术继续以很快的速度改进着。目前，机器视觉系统应用在汽车制造、电子、航天、食品、药物、饮料、木材、橡胶、保健和金属工业等领域。随着该技术的日益成熟，它在工业领域中的应用会更广泛。

1.2.6 生物测量识别技术

生物测量识别是用来识别个人的技术，它以数字测量所选择的某些人体特征，然后与这个人的档案资料中的相同特征作比较，这些档案资料可以存储在一张卡片或数据库中。被使用的人体特征包括指纹、声音、掌纹、手腕上和视网膜上的血管排列、眼球虹膜的图像、脸部特征、签字和打字时的动态。

指纹扫描器和掌纹测量仪是目前最广泛应用的器材。不管使用什么样的技术，操作方法都是通过测量人体特征来识别一个人。

在生物测量识别技术的发展历史中，它受到高成本、不完善的操作以及供应商短缺等问题的困扰，但是现在它正在被更多的使用者接受，不但被使用在银行和政府部门这样的社会核心部门，而且也在社会其他领域广泛应用。由于生物测量识别技术的使用简便，使它为更多的人所接受，经常用来代替密码或身份证卡。它的成本已经降低到一个合理的水平，该类器材的操作和可靠性已达到令人满意的程度。

1.2.7 接触记忆

接触记忆标签是一种电子识别和信息存储设备。一些记忆标签是只读式的，另一些则允许修改或更新信息。接触式记忆标签被设计用来永久性黏合在物品上，例如重型机械、集装箱等，用来识别和保存对这些物品或内装物的信息。这些接触记忆标签作为远距离的信息库，在需要时能够提供关键信息，而不需要到中心数据库中去寻找。

接触记忆标签可以被想象成一种小型、坚固的计算机软盘，它具有存储任何形式的数字化信息的能力，包括存储文件、图像、声音和照片。传感器能够与标签连接以提供不同的信息，它支持与个人电脑相似的档案结构。通过与标准的手提式信息收集终端机、手提式电脑或计算机相连的简单的探视器瞬间接触，信息档案能够容易地接触、编辑或添加，从接触记忆标签收集到的信息能够被下载到一个下拉式档案或数据库中。人们经常将接触记忆标签说成是射频标签的低成本的"表弟"，它提供更多的功能，包括更大型的记忆力、更快的信息传送速度。接触记忆技术被建议使用在需要或可以实际接触的识别应用中。

接触记忆设备在设计上具有经受恶劣环境的能力，包括异常温度、静电、机械压、电子磁场、辐射、异常气候和腐蚀气体，信息的存储时间能够达到100年之久。

生产接触记忆设备的工厂将他们的产品按规格和形状、记忆量、记忆技术、电池或非电池、耐久性、使用寿命、信息安全（管理）形式和软件语言分类。

接触记忆标签的应用领域十分广泛。美国军队使用接触记忆技术作为收音机的保养和修理程序的一部分。保安公司和运输公司使用接触记忆来管理他们的活动路线。展览会公司使用接触记忆来进行到会登记和追踪参观展览会的人员动向。其他应用包括邮件/邮包存储室、财务保管、工资工作量计算、有害垃圾的管理和动物追踪。除可以接触长达 7 页纸的信息（多使用信息密集型）之外，接触记忆标签的优点还包括可靠性强、减少人为错误和节省人工。

1.2.8 光学字符识别技术

光学字符识别（OCR）已有 30 多年历史，近几年又出现了图像字符识别（image character recognition，ICR）。实际上这三种自动识别技术的基本原理大致相同。

OCR 有三个重要的应用领域：办公自动化中的文本输入；邮件自动处理；与自动获取文本过程相关的其他领域。这些领域包括：零售价格识读，订单数据输入，单证、支票和文件识读，微电路及小件产品的状态及批号特征识读等。由于识别手迹特征方面的进展，目前正探索在手迹分析及签名方面的应用。

1.2.9 声音识别技术

声音识别技术将人类语音转换为电子信号，然后将这些信号输入具体规定含义的编码模式中，它并不是将说出的词汇转变为字典式的拼法，而是转换为一种计算机可以识别的形式，这种形式通常开启某种行为。例如，组织某种文件、发出某种信号或开始对某种活动录音。

声音识别技术的迅速发展以及高效可靠的应用软件的开发，使声音识别系统在很多方面得到了应用。这种系统可以用声音指令和应用特定短句实现"不用手"的数据采集，其最大特点就是不用手和眼睛，这对那些采集数据同时还要手脚并用的工作场合尤为适用。

1.2.10 视觉识别技术

视觉识别系统可以看成是这样的系统：它能获取视觉图像，而且通过一个特征抽取和分析的过程，能自动识别限定的标志、字符、编码结构，或可确切识别呈现在图像内的其他基础特征。

随着自动化的发展，视觉识别技术可与其他自动识别技术结合起来应用。

我们可以把条码技术与其他自动识别技术作个简单比较，见表 1.1。

条码和磁性墨水（magnetic ink character recognieion，MICR）都是与印刷有关的自动识别技术。其的优点是人眼可读、可扫描，但输入速度和可靠性不如条码，数据格式有限，通常要用接触式扫描器。MICR 是银行界用于支票的专用技术，在特定领域中应用，成本高，需接触识读，可靠性高。

磁条技术是接触识读，它与条码有三点不同：一是对其数据可做部分读写操作；二是给定面积的编码容量比条码大；三是对于物品逐一标识的成本高，而且接触性识读的最大缺点就是灵活性太差。

射频识别和条码一样是非接触式识别技术，由于无线电波能“扫描”数据，所以射频（radio frequency，RF）标签可做成隐形的，有些 RF 识别技术可读数公里以外的标签，RF 标签可做成可读写的。RF 识别的缺点是标签成本相当高，且一般不能随意扔掉，而多数条码扫描寿命结束时即可扔掉。视觉和声音识别还没有很好地推广应用，机器视觉还可与 OCR 或条码结合应用，声音识别输入可解放人的手。

RF、声音、视觉等识别技术目前不如条码成熟，其技术和应用的标准也还不够健全。

表 1.1　条码与其他自动识别技术的比较

项目名称	键盘	OCR	磁条（卡）	条码	射频
输入 12 位数据的速度	6 s	4 s	0.3～2 s	0.3～2 s	0.3～0.5 s
误码率	1/300 字符	1/1 万字符		1/1.5 万字符～1/1 亿字符	
印刷密度	——	10～12 字符/英寸	48 字符/英寸	最大 20 字符/英寸	4～8000 字符/英寸
基材价格	无	低	中	低	高
扫描器价格	无	高	中	低	高
接触识读能力	不能	不能	不能	接触至 5 m	接触至 2 m
优点	操作简单；可用眼阅读；键盘本身便宜	可用眼阅读	输入密度高；输入速度快	输入速度快，误码率低；设备便宜；设备种类多；可非接触式识读	可在灰尘油污等环境下使用；可非接触式识读
缺点	误码率高；输入速度低；输入受个人因素影响	输入速度低；不能非接触式识读；设备价格高	不能直接用眼阅读；不能非接触式识读；数据可改写	数据不能改写；不可用眼直接阅读	发射、接收装置价格昂贵；发射装置寿命短；数据可改写

注：1 英寸≈0.025 m

1.3 条码技术及应用

条码（或条形码）是将宽度不等的多个黑条和空白，按照一定的编码规则排列，用以表达一组信息的图形标识符。常见的条码是由反射率相差很大的黑条（简称条）和白条（简称空）排成的平行线图案。条码可以标出物品的生产国、制造厂家、商品名称、生产日期、图书分类号、邮件起止地点、类别、日期等许多信息，因而在商品流通、图书管理、邮政管理、银行系统等许多领域都得到了广泛的应用。

1.3.1 条码类型

条码系统是由条码符号设计、制作及扫描阅读组成的自动识别系统。条码卡分为一维码和二维码两种。一维码比较常用，例如，日常商品外包装上的条码就是一维码。它的信息存储量小，仅能存储一个代号，使用时通过这个代号调取计算机网络中的数据。二维码是近几年发展起来的，它能在有限的空间内存储更多的信息，包括文字、图像、指纹、签名等，并可脱离计算机使用。

条码种类很多，常见的大概有20多种码制，其中包括：Code39码（标准39码）、Codabar码（库德巴码）、Code25码（标准25码）、ITF25码（交叉25码）、Matrix25码（矩阵25码）、UPC-A码、UPC-E码、EAN-13码（EAN-13国际商品条码）、EAN-8码（EAN-8国际商品条码）、中国邮政编码（矩阵25码的一种变体）、Code-B码、MSI码、Code11码、Code93码、ISBN码、ISSN码、Code128码（包括EAN128码）、Code39EMS（EMS专用的39码）等一维条码和PDF417等二维条码。

目前，国际广泛使用的条码种类有：EAN、UPC码——商品条码，用于在世界范围内唯一标识一种商品。我们在超市中最常见的就是EAN和UPC条码。其中，EAN码是当今世界上广为使用的商品条码，已成为电子数据交换（EDI）的基础；UPC码主要为美国和加拿大使用。另外，Code39码因其可采用数字与字母共同组成的方式而在各行业内部管理上被广泛使用。ITF25码在物流管理中应用较多。Codabar码多用于血库、图书馆和照相馆的业务中。另还有Code93码，Code128码等。

除以上列举的一维条码外，二维条码也已经在迅速发展，并在许多领域得到应用。

1.3.2 常用条码介绍

1. EAN码

EAN码（European article number），源于1977年，由欧洲12个工业国家所共同发展出来的一种条码。目前已成为一种国际性的条码系统。EAN条码系统的管理是由国际商品条码总会（International Article Numbering Association）负责各会员国的国家代表号码之分配与授权，再由各会员国的商品条码专责机构，对其国内的制造商、批发商、零售商等授予厂商代表号码。

EAN码具有以下特性：①只能储存数字；②可双向扫描处理，即条码可由左至右或由右至左扫描；③必须有一检查码，以防读取资料的错误情形发生，位于EAN码中的最右边处；④具有左护线、中线及右护线，以分隔条码上的不同部分与撷取适当的安全空间来处理；⑤条码长度一定，较欠缺弹性，但经由适当的管道，可使其通用于世界各国。

依结构的不同，EAN 条码可分为：EAN-13 码——由 13 个数字组成，为 EAN 的标准编码型；EAN-8 码——由 8 个数字组成，为 EAN 的简易编码型。

1）EAN-13 码

标准码共 13 位数，是由国家代码 3 位数，厂商代码 4 位数，产品代码 5 位数，以及检查码 1 位数组成。其排列如图 1.2 所示。

9		95						9
左空白	起始码	系统码1位	左资料码6位	中间码	右资料码5位	检查码1位	终止码	右空白
		国家代码3位	厂商代码4码	产品代码5位				

图 1.2　EAN-13 码排列图

EAN-13 码的结构与编码方式如图 1.3 所示，包括以下 4 种形式。

（1）国家代码由国际商品条码总会授权，于我国的国家代码为 690～691，凡由我国核发的代码，均须冠上 690 为字头，以区别于其他国家。

（2）厂商代码由中国商品条码策进会核发给申请厂商，占 4 个码，代表申请厂商的号码。

（3）产品代码占 5 个码，代表单项产品的号码，由厂商自由编定。

（4）检查码占 1 个码，为防止条码扫描器误读的自我检查。

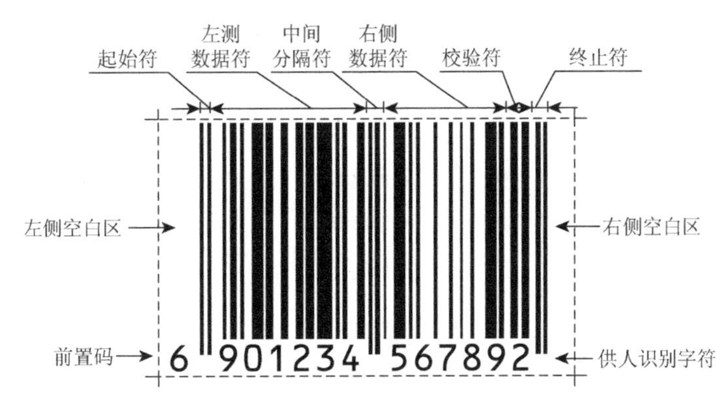

图 1.3　EAN-13 码

2）EAN-8 码

EAN 缩短码共有 8 位数，当包装面积小于 120 cm^2 以下无法使用标准码时，可以申请使用缩短码。其结构与编码方式如图 1.4 所示，其特点包括以下几点。

（1）国家代码与标准码相同。

（2）厂商单项产品号码，是每一项需使用缩短码的产品均需逐一申请单个号码。

（3）检查码的计算方式与标准码相同。

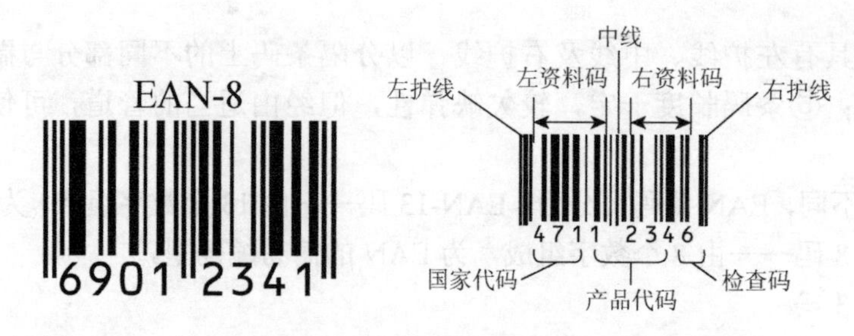

图 1.4　EAN-8 码的结构与编码方式

EAN-8 码的编码方式大致与 EAN-13 码相同，如图 1.5 所示。

<table>
<tr><td>7</td><td colspan="7">67</td><td>7</td></tr>
<tr><td>左空白</td><td>起始码</td><td>系统码1位</td><td>左资料码4位</td><td>中间码</td><td>右资料码3位</td><td>检查码1位</td><td>终止码</td><td>右空白</td></tr>
<tr><td></td><td></td><td colspan="2">国家代码2位</td><td colspan="3">产品代码5位</td><td></td><td></td></tr>
</table>

图 1.5　EAN-8 码排列图

2. UPC 码

UPC 码（universal product code）是最早大规模应用的条码，其特性是一种长度固定、连续性的条码，目前主要在美国和加拿大使用，由于其应用范围广泛，故又被称为万用条码。

UPC 码仅可用来表示数字，故其字码集为数字 0～9。UPC 码共有 A、B、C、D、E 等 5 种版本，各版本的 UPC 码格式与应用对象见表 1.2。

表 1.2　UPC 码的各种版本

版本	应用对象	格式
UPC-A	通用商品	SXXXXX XXXXXC
UPC-B	医药卫生	SXXXXX XXXXXC
UPC-C	产业部门	XSXXXXX XXXXXCX
UPC-D	仓库批发	SXXXXX XXXXXCXX
UPC-E	商品短码	XXXXXX

注：S—系统码，X—资料码，C—检查码

下面将再进一步介绍最常用的 UPC 标准码（UPC-A 码）和 UPC 缩短码（UPC-E 码）的结构与编码方式。

1）UPC-A 码

UPC-A 码的结构与编码方式如图 1.6 所示。

每个 UPC-A 码包括如图 1.7 所示的几个部分。

UPC-A 码具有以下特点：

（1）每个字码皆由 7 个模组组合成 2 线条 2 空白，其逻辑值可用 7 个二进制数字表示，

图 1.6　UPC-A 码的结构

9		模组数 95						9
左空白	起始码	系统码1位	左资料码5位	中间码	右资料码5位	检查码1位	终止码	右空白
		国家代码2位	厂商代码4位		产品代码5位			

图 1.7　UPC-A 码排列图

例如，逻辑值 0001101 代表数字 1，逻辑值 0 为空白，1 为线条，故数字 1 的 UPC-A 码为粗空白（000）-粗线条（11）-细空白（0）-细线条（1）。

（2）从空白区开始共 113 个模组，每个模组长 0.33 mm，条码符号长度为 37.29 mm。

（3）中间码两侧的资料码编码规则是不同的，左侧为奇，右侧为偶。奇表示线条的个数为奇数；偶表示线条的个数为偶数。

（4）起始码、终止码、中间码的线条高度长于数字码。

2）UPC-E 码

UPC-E 是 UPC-A 码的简化型，其编码方式是将 UPC-A 码整体压缩成短码以方便使用，因此其编码形式须经由 UPC-A 码来转换。

UPC-E 由 6 位数码与左右护线组成，无中间线。6 位数字码的排列为 3 奇 3 偶，其排列方法取决于检查码的值。UPC-E 码只用于国家代码为 0 的商品，

其结构如图 1.8 所示。

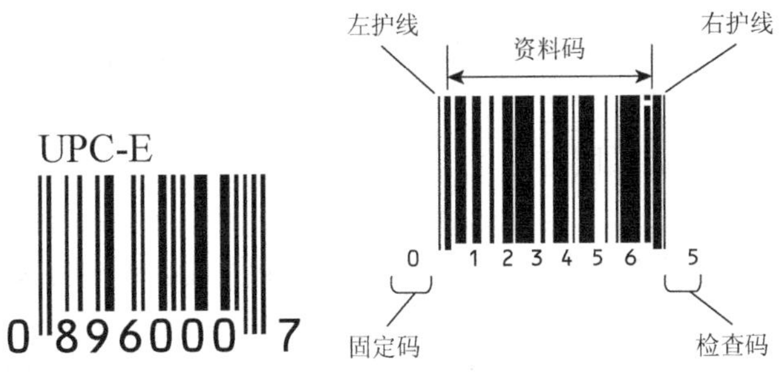

图 1.8　UPC-E 码的结构

UPC-E 码具有以下特点：

(1)左护线：为辅助码，不具任何意义，仅供列印时作为识别之用，逻辑形态为 010101，其中 0 代表细白，1 代表细黑。

（2）右护线：同 UPC-A 码，逻辑形态为 101。

（3）检查码：为 UPC-A 码原形的检查码，其作用为一导入值，并不属于资料码的一部分。

（4）资料码：扣除第一码固定为 0 外，UPC-E 实际参与编码的部分只有 6 码，其编码方式视检查码的值来决定。

3. 39 码

39 码是一种可表示数字、字母等信息的条码，主要用于工业、图书及票证的自动化管理，目前使用极为广泛。

39 码是 1974 年发展起来的条码系统，是一种可供使用者双向扫描的分布式条码，也就是说相临两数据码之间，必须包含一个不具任何意义的空白（或细白，其逻辑值为 0），且其具有支持数字的能力，故应用较一般一维条码广泛，目前主要应用于工业产品、商业数据及医院用的保健资料中，它的最大优点是码数没有强制的限定，可用大写英文字母码，且检查码可忽略不计。

标准的 39 码是由起始安全空间、起始码、数据码、可忽略不计的检查码、终止安全空间及终止码所构成，如图 1.9 所示。

图 1.9　39 码的编码结构

39 码具有以下特性：

（1）条码的长度没有限制，可随着需求作弹性调整。但在规划长度的大小时，应考虑条码扫描器所能允许的范围，避免扫描时无法读取完整的数据。

（2）起始码和终止码必须固定为“*”字符。

（3）允许条码扫描器进行双向的扫描处理。

（4）由于 39 码具有自我检查能力，故检查码可有可无，不一定要设定。

（5）条码占用的空间较大。

可表示的资料包含：0～9 的数字，A～Z 的英文字母，以及“+”“–”“*”“/”“%”“＄”“.”等特殊符号，再加上空格符，共计 44 组编码，并可组合出 128 个 ASCII code 的字符符号。

4. Code 93 码

Code 93 码与 39 码具有相同的字符集，但它的密度要比 39 码高，如图 1.10 所示。所以在面积不足的情况下，可以用 93 码代替 39 码。

图 1.10　Code 93 码

5. Code 128 码

128 码可表示 ASCII 0 到 ASCII 127 共计 128 个 ASCII 字符。如图 1.11 所示。

图 1.11　Code128 码

6. ITF 25 码

ITF 25 码是一种条和空都表示信息的条码，ITF 25 码有两种单元宽度，每一个条码字符由 5 个单元组成，其中 2 个宽单元，3 个窄单元。在一个 ITF 25 码符号中，组成条码符号的字符个数为偶数，当字符是奇数个时，应在左侧补 0 变为偶数。条码字符从左到右，奇数位字符用条表示，偶数位字符用空表示。ITF 25 码的字符集包括数字 0～9。如图 1.12 所示。

图 1.12　ITF 25 码

7. Industrial 25 码

Industrial 25 码只能表示数字，有两种单元宽度。每个条码字符由 5 个条组成，其中 2 个宽条，其余为窄条，如图 1.13 所示。这种条码的空不表示信息，只用来分隔条，一般取与窄条相同的宽度。

8. Matrix 25 条码

Matrix 25 码只能表示数字 0～9。当采用 Matrix25 码的编码规范，而采用 ITF25 码的起始符和终止符时，生成的条码就是中国邮政编码，如图 1.14 所示。

迪克珠宝商行 2006(C)

编号：50501LJ460
名称：T50金钻石戒指
价格：2900
证书：45963　　钻石大小：0.078

迪克珠宝商行 2006(C)

编号：50502LJ780
名称：T50金钻石戒指
价格：5020
证书：46771　　钻石大小：0.161

迪克珠宝商行 2006(C)

编号：50503LJ750
名称：T50金钻石戒指
价格：4800
证书：47255　　钻石大小：0.149

迪克珠宝商行 2006(C)

编号：50504LJ780
名称：T50金钻石戒指
价格：5180
证书：40823　　钻石大小：0.161

图 1.13　Industrial 25 码

图 1.14　Matrix 25 码

1.3.3　QR 二维码原理

1. 什么是二维码

二维码（2-dimensional bar code），是用某种特定的几何图形按一定规律在平面上分布的黑白相间的图形记录数据符号信息。

在许多种类的二维条码中，常用的码制有：Data Matrix，Maxi Code，Aztec，QR Code，Vericode，PDF417，Ultracode，Code 49，Code 16K 等。

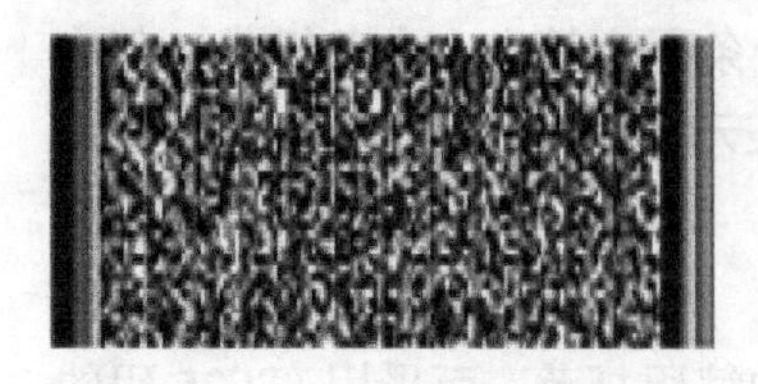

图 1.15　二维码 PDF417

（1）堆叠式/行排式二维条码。例如，Code 16K、Code 49、PDF417 等，如图 1.15 所示。

（2）矩阵式二维码。最流行的莫过于 QR Code。

二维码的名称是相对于一维码来说的，例如以前的条码就是一个“一维码”。

它的优点有：存储的数据量更大；可以包含数字、字符及中文文本等混合内容；有一定的容错性（在部分损坏后可以正常读取）；空间利用率高等。

2. QR Code 介绍

QR Code（quick-response code）是被广泛使用的一种二维码，解码速度快，它可以存储多种类型。

如图 1.16 是一个 QR Code 的基本结构。

位置探测图形、位置探测图形分隔符、定位图形：用于对二维码的定位，对每个 QR 码来说，位置都是固定存在的，只是大小规格会有所差异。

校正图形：规格确定，校正图形的数量和位置也就确定了。

格式信息：表示该二维码的纠错级别，分为 L、M、Q、H。

版本信息：即二维码的规格，QR 码符号共有 40 种规格的矩阵（一般为黑白色），从 21×21（版本 1）到 177×177（版本 40），每一版本符号比前一版本每边增加 4 个模块。

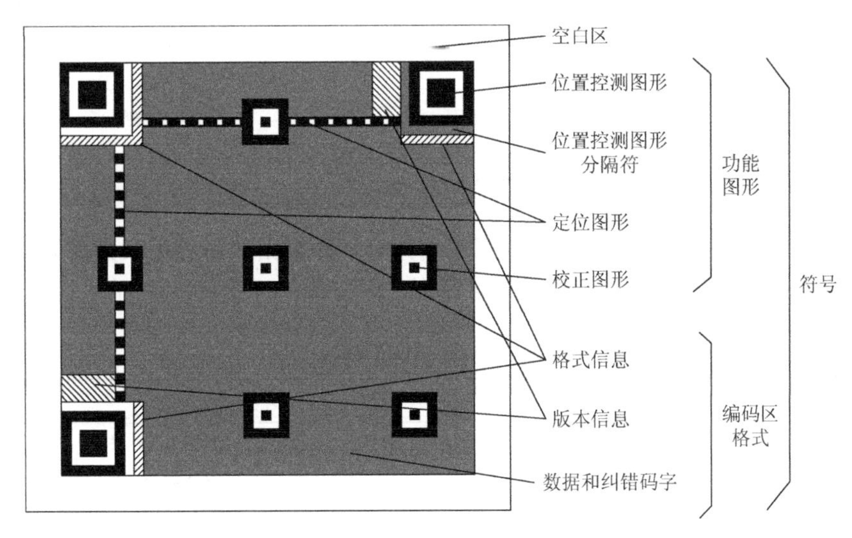

图 1.16　QR Code 的基本结构

数据和纠错码字：实际保存的二维码信息和纠错码字（用于修正二维码损坏带来的错误）。

简要的编码过程如下，见表 1.3。

（1）数据分析。确定编码的字符类型，按相应的字符集转换成符号字符；选择纠错等级，在规格一定的条件下，纠错等级越高其真实数据的容量越小。

（2）数据编码。将数据字符转换为位流，每 8 位一个码字，整体构成一个数据的码字序列。其实知道这个数据码字序列就知道了二维码的数据内容。

数据可以按照一种模式进行编码，以便进行更高效的解码，例如，对数据 01234567 编码（版本 1-H），

①分组：012 345 67；

②转成二进制：012→0000001100，

　　　　　　　345→0101011001，

67→1000011；

③转成序列：0000001100 0101011001 1000011；

④字符数 转成二进制：8→0000001000；

⑤加入模式指示符（上图数字）0001：0001 0000001000 0000001100 0101011001 1000011

对于字母、中文、日文等只是分组的方式、模式等内容有所区别，基本方法是一致的。

表 1.3 QR 码的编码方式

模式	指示符
ECI	0111
数字	0001
字母数字	0010
8 位字节	0100
日文汉字	1000
中文汉字	1101
结构链接	0011
FNCl	0101（第一位置） 1001（第二位置）
终止符（信息结尾）	0000

（3）纠错编码。按需要将上面的码字序列分块，并根据纠错等级和分块的码字，产生纠错码字，并把纠错码字加入到数据码字序列后面，成为一个新的序列，见表 1.4。

表 1.4 错误修正容量

等级	修正容量
L 级	7%的字码可被修正
M 级	15%的字码可被修正
Q 级	25%的字码可被修正
H 级	30%的字码可被修正

在二维码规格和纠错等级确定的情况下，它所能容纳的码字总数和纠错码字数也就确定了，例如，版本 10，纠错等级为 H 时，总共能容纳 346 个码字，其中 224 个纠错码字。

就是说二维码区域中大约 1/3 的码字是冗余的。对于这 224 个纠错码字，它能够纠正 112 个替代错误（例如黑白颠倒）或者 224 个拒读错误（无法读到或者无法译码），这样纠错容量为 112/346 = 32.4%，

（4）构造最终数据信息。在规格确定的条件下，将上面产生的序列按次序放入分块中，按规定把数据分块，然后对每一块进行计算，得出相应的纠错码字区块，把纠错码字区块按顺序构成一个序列，添加到原先的数据码字序列后面。

例如，D1，D12，D23，D35，D2，D13，D24，D36，…，D11，D22，D33，D45，

D34，D46，E1，E23，E45，E67，E2，E24，E46，E68，…，如图 1.17 所示。

（5）构造矩阵。将探测图形、分隔符、定位图形、校正图形和码字模块放入矩阵中。

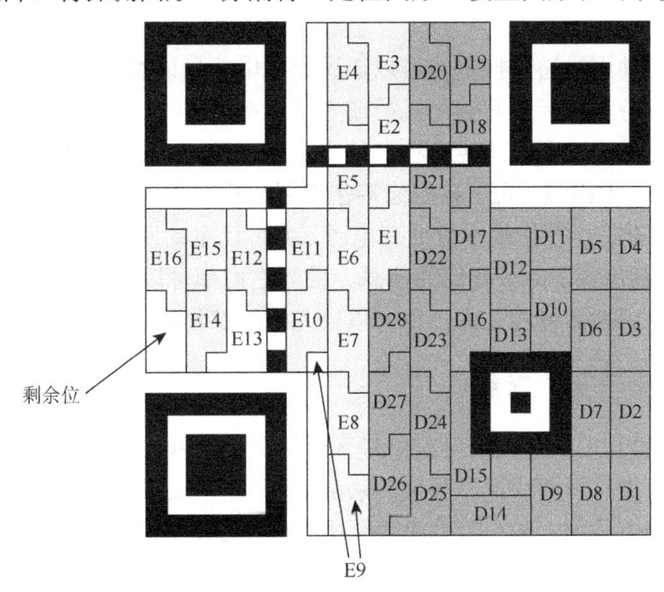

图 1.17　QR 码的二维码矩阵

（6）掩模。将掩模图形用于符号的编码区域，使得二维码图形中的深色和浅色（黑色和白色）区域能够比率最优的分布。

（7）格式和版本信息。生成格式和版本信息放入相应区域内。

版本 7-40 都包含了版本信息，没有版本信息的全为 0。二维码上两个位置包含了版本信息，它们是冗余的。

版本信息共 18 位，6×3 的矩阵，其中 6 位是数据位，例如，版本号 8，数据位的信息是 001000，后面的 12 位是纠错位。

二维条码有如下特点：

（1）高密度编码，信息容量大。其数字数据可存储达 7069 个字符，字母数据可以存储 4296 个字符，8 位字节数据可以存储 2932 个字符，另外汉字数据可以存储 1817 个字符。

（2）编码范围广。该条码可以把图片、声音、文字、签名、指纹等可以数字化的信息进行编码，用条码表示出来；可以表示多种语言文字；可表示图像数据。

（3）容错能力强，具有纠错功能。这使得二维条码因穿孔、污损等引起局部损坏时，照样可以正确得到识读，损毁面积达 50%仍可恢复信息。

（4）译码可靠性高。它比普通条码译码错误率百万分之二要低得多，误码率不超过千万分之一。

（5）可引入加密措施，保密性、防伪性好。

（6）成本低，易制作，持久耐用。

（7）条码符号形状、尺寸大小比例可变。

（8）二维条码可以使用激光或 CCD 读写器识读。

1.4 RFID 技术

射频识别是一种无线通信技术，可以通过无线电信号识别特定目标并读写相关数据，而无须识别系统与特定目标之间建立机械或者光学接触。

无线电的信号是通过调成无线电频率的电磁场，把数据从附着在物品上的标签上传送出去，以自动辨识与追踪该物品。某些标签在识别时从识别器发出的电磁场中就可以得到能量，并不需要电池；也有标签本身拥有电源，并可以主动发出无线电波（调成无线电频率的电磁场）。标签包含了电子存储的信息，数米之内都可以识别。与条码不同的是，射频标签不需要处在识别器视线之内，也可以嵌入被追踪物体中。

1.4.1 RFID 的原理及系统组成

RFID 的原理是利用发射无线电波信号来传送资料，以进行无接触式的资料辨识与存取，可达到身份及物品识别或信息存储的功能。RFID 系统在具体的应用过程中，根据不同的应用目的和应用环境，系统的组成会有所不同，但从 RFID 系统的工作原理来看，系统一般都由射频卡、读卡器两部分组成。下面分别加以说明。

1. 射频卡

在 RFID 系统中，信号发射机为了不同的应用目的，会以不同的形式存在，典型的形式是射频卡。射频卡也叫射频标签（简称标签），相当于条码技术中的条码符号，用来存储需要识别传输的信息，另外，与条码不同的是标签必须能够自动或在外力的作用下，把存储的信息主动发射出去。

射频卡是 RFID 系统的精髓，射频卡一般由内部天线、IC 芯片组成，IC 芯片中记录着 ID 信息，读写芯片的 IC 还配有可存储数据的扇区，通过无线方式与读写器通信，实现数据的读取和写入。射频卡进入磁场后，如果接收到读写器发出的特殊射频信号，就能凭借感应电流所获得的能量发送出存储在芯片中的产品信息，或者主动发送某一频率的信号，读写器读取信息并解码后，送至中央信息系统进行有关数据处理。

以读取方式来分，射频卡类型分为三种：自动式、半被动式和被动式。自动式射频卡一般配有电池，靠自身的能量发送信息数据，这种读写器能够读写的距离很远，理论上可以达到几百米，便于远距离通信，目前常用的 2.4 G 卡就属于自动式的射频卡。

被动式卡内没有电池作为能量，需要在射频卡接近读写器时接收读写器的电磁波产生能量驱动 IC 芯片工作，实现数据传送和读写，被动式射频卡运用无线电波进行操作和通信，信号必须在识别器允许的范围内，这类标记适合于中短距离信息识别，一般在 15 m 之内，当前市场使用较多的 915 MHz、13.56 MHz 和 125 kHz 卡基本都属于被动式射频卡。半被动式的工作模式是读写器触发，但射频卡的能量由自身提供，例如，目前市场上的 433 MHz 读写器（就是通常所说的蓝牙读写器）就属于半被动式射频卡。

射频识别系统中射频卡与读写器之间的作用距离是射频识别系统应用中的一个重要问题，通常情况下这种作用距离定义为射频标签与读写器之间能够可靠交换数据的距离。射频识别系统的作用距离是一项综合指标，与射频标签及读写器的配合情况密切相关。

根据射频识别系统作用距离的远近情况，射频标签天线与读写器天线之间的耦合可分为三类：密耦合系统、遥耦合系统、远距离系统。

密耦合系统的典型读取距离范围为0～1 cm。实际应用中，通常需要将射频标签插入读写器中或将其放到读写器的天线的表面。密耦合系统的工作频率一般局限于30 MHz以下的任意频率。由于密耦合方式的电磁泄漏很小、耦合获得的能量较大，因而适合要求安全性较高，作用距离无要求的应用系统，例如，一些安全要求较高的门禁系统。

遥耦合系统的典型读取距离可以达到1 m。遥耦合系统又可细分为近耦合系统（典型作用距离为15 cm）与疏耦合系统（典型作用距离为1 m）两类。遥耦合系统的典型工作频率为125 kHz和13.56 MHz，也有一些其他频率，例如6.75 MHz、27.125 MHz等，只是这些频率在实际使用中并不常见。遥耦合系统目前仍然是低成本射频识别系统的主流，其读卡方便，成本较低，广泛应用在门禁、消费、考勤及车辆管理中。

远距离系统的典型读取距离为1～15 m，有的甚至可以达到上百米。所有的远距离系统均是利用射频标签与读写器天线辐射远场区之间的电磁耦合（电磁波发射与反射）构成无接触的空间信息传输射频通道工作。

远距离系统的典型工作频率为433 MHz、915 MHz、2.45 GHz，此外，还有一些其他频率，例如5.8 GHz等。远距离系统一般情况下均采用反射调制工作方式实现射频标签到读写器方向的数据传输。远距离系统一般具有典型的方向性，射频卡和读写器的成本还比较高，一般使用在车辆管理、人员或物品定位、生产线管理、码头物流管理中。

2. 读写器

在RFID系统中，根据支持的标签类型不同和完成的功能不同，读写器的复杂程度也明显不同。读写器的基本功能就是提供与标签进行数据传输的途径。另外，读写器还提供相当复杂的信号状态控制、奇偶错误校验与更正功能等。标签中除了存储需要传输的信息外，还必须含有一定的附加信息，例如错误校验信息等。识别数据信息和附加信息按照一定的结构编制在一起，并按照特定的顺序向外发送。读写器通过接收到的附加信息来控制数据流的发送，一旦到达读写器的信息被正确接收和译解后，读写器通过特定的算法决定是否需要发射机对发送的信号重发一次，或者知道发射器停止发信号，这就是“命令响应协议”。使用这种协议，即便在很短的时间、很小的空间阅读多个标签，也可以有效地防止误读的产生。一般读写器要和射频卡对应使用，同时读写器还要配合相应的控制和运算设备，例如，一般读写器都需配置相应的控制器，读写器和控制器之间的通信方式常见的有RS485，W26，W34，RS232等，主要是要将读取的数据传送到控制器，以便实现更加复杂的通信、识别与管理。

有的读写器还有写入功能，通过控制将数据写入卡的扇区中，通过将数据写入射频卡，可以使系统在离线的情况下依然实现消费和管理，在公交和城市一卡通中显得尤为重要。

每个读写器都必须配有天线，天线是射频卡与读写器之间传输数据的发射、接收装置。在实际应用中，除了系统功率，天线的形状大小和相对位置也会影响数据的发射和接收，周围的电磁场都会对读写距离产生巨大影响，在实际使用中要充分考虑现场环境的干扰。

1.4.2 RFID 系统应用

许多行业都运用了射频识别技术，将标签附着在一辆正在生产中的汽车，厂方便可以追踪此车在生产线上的进度；仓库可以追踪药品的位置；射频标签也可以附于牲畜与宠物上，方便对牲畜与宠物的积极识别（防止数只牲畜使用同一个身份）；射频识别的身份识别卡可以让员工进入设卡的建筑；汽车上的射频应答器也可以用来征收收费路段与停车场的费用。

某些射频标签附在衣物、个人财物上，甚至植入人体内。由于这项技术可能会在未经本人许可的情况下读取个人信息，这项技术也会有侵犯个人隐私的忧患。

20 世纪 90 年代，射频识别在门禁系统中的应用首先进入台湾市场，继而进入大陆市场，如今 RFID 技术已经被广泛应用于各个领域，门禁管理、人员考勤、消费管理、车辆管理、巡更管理、生产管理、物流管理，皆可以见到其踪迹，二代身份证全面选用 13.56 MHz 的射频 IC 卡更是对 RFID 技术的推进，银行卡也开始逐步使用射频卡来代替原来的磁条卡，到今天，RFID 技术已经彻底融入我们生活的每一个角落。

RFID 系统常见的有以下几种应用。

1. 通道管理

通道管理包括人员和车辆或者物品，实际上就是对进出通道的人员或物品通过识别和确认，决定是否放行，并进行记录，同时对不允许进出的人员或物品进行报警，以实现更加严密的管理。常见的门禁、图书管理、射频卡超市防盗、不收费的停车场管理系统等都属于通道管理。

2. 数据采集与身份确认系统

数据采集系统是使用带有 RFID 读写器的数据采集器采集射频卡上的数据，或对射频卡进行读写，实现数据采集和管理。例如，常用的身份证识别系统、消费管理系统、社保卡、银行卡、考勤系统等都属于数据的采集和管理。

3. 定位系统

定位系统用于自动化管理中对车辆、人员、生产物品等进行定位。读写器放置在指定空间、移动的车辆、轮船上或者自动化流水线中，射频卡放在移动的人员、物品、物料、半成品、成品上，读写器一般通过无线或者有线的方式连接到主信息管理系统，系统对读取射频卡的信息进行分析判断，确定人或物品的位置和其他信息，实现自动化管理，常见的应用有博物馆物品定位、监狱人员定位、矿井人员定位、生产线自动化管理、码头物品管理等。

RFID 技术广泛应用于通信传输、工业自动化、商业自动化、交通运输控制管理和身份认证等多个领域，而在仓储物流管理、生产过程制造管理、智能交通、网络家电控制等方面也有较大的发展空间。

1.4.3 RFID 技术应用存在的问题

目前 RFID 在推广过程中，主要存在以下四点限制。

1. 价格成本过高

RFID 从标签到芯片再到读写器、中间件的一整套设备的价格较高，再加上系统布设成本、系统维护成本以及可能存在的市场接受风险，严重阻碍了 RFID 的市场推广。目前，国内读写器的均价在 5000 元以上，超高频读写器则达到 10 000 元以上。

2. 技术限制

RFID 技术尚未完全成熟，具体体现在三个方面：一是应用于某些特殊的产品，例如液体或金属罐等，大量 RFID 标签会出现无法正常工作的情况；二是传统的电子标签制作工艺仍然相对繁杂，需要将标签进行化学浸泡方可进行贴码，标签失效率很高；三是 RFID 标签与读写器有方向性，信号很容易被物体阻断，即使贴上双重标签，还是有 3%的标签无法被读取。

3. 标准化问题

RFID 至今没有形成统一的行业标准。在技术层面上，RFID 读写器与标签的技术没有形成统一，会出现无法一体化使的情况。在行业内部，不同制造商所开发的标签通信协议、使用频段、封包格式不同，会造成使用时的困惑和混乱。

4. 安全问题和隐私保护

RFID 标签一旦接近读写器，就会无条件自动发出信息，无法确定读写器是否合法。无源 RFID 系统没有读写能力，无法使用密钥验证方法来进行身份验证，这就涉及个人隐私和商业安全的保护问题。

1.4.4 RFID 技术未来的发展

随着技术的不断进步，RFID 产品的种类将越来越丰富，在满足应用需求的同时，又极大地促进了应用的发展。RFID 技术的发展将会在电子标签（射频标签）、读写器、应用系统集成、中间件平台、标准化等方面取得新的进展。

RFID 电子标签方面：由于新的应用对电子标签的工作性能、安全性与可靠性等的要求，使得电子标签芯片所需的功耗更低，无源标签、半无源标签技术更趋成熟。同时，RFID 信息作用的距离也更远，更加适合于远程高速移动物品的多标签快速识别与读/写操作，RFID 可读写操作的一致性更加完善。另外，RFID 标签的成本将会进一步降低，且通过与传感器相结合，使其智能性更强，并且在强场下的自保功能也更完善。

RFID 读写器方面：通过与条码识读功能相集成实现无线数据识别与传输以及离线与在线工作模式的自动切换，来实现 RFID 读写器多功能应用集成。通过智能多天线端口的集成，来实现对不同工作频率的切换兼容与信息的自动处理，并解决微波的反射与吸收问题。通过多种数据接口（其中包括 RS232、RS422/485、USB、红外、蓝牙、以太网口等）的集成，实现数据信息的多传输通道。通过标签的多制式兼容，来实现多种标签类型的读、写操作兼容。另外，RFID 读写器在小型化、成本更低的同时，向便携式、嵌入式、模块化方向发展。

RFID 系统种类方面：低频近距离 RFID 系统将会具有更高的智能与安全特性。同时，高频远距离 RFID 系统性能更加完善，系统更加完善。此外，基于标准化的 RFID 系统模块可替换性更好、更为普及，从而为更广泛的应用奠定了基础。

1.5 RFID 的相关标准

标准能够确保协同工作的进行，规模经济的实现，工作实施的安全性以及其他许多方面。RFID 标准化的主要目的在于通过制定、发布和实施标准解决编码、通信、空气接口和数据共享等问题，最大限度地促进 RFID 技术及相关系统的应用。但是，如果标准采用过早，有可能会制约技术的发展进步；如果采用太晚，则可能会限制技术的应用范围，导致危险事件的发生以及不必要的开销。

事实上，RFID 的相关标准涉及许多具体的应用，例如，停车收费系统、宠物标识、货物集装箱标识以及智能卡应用等。而 RFID 主要用于物流管理等行业，需要标签能够实现数据共享。目前，许多与 RFID 有关的 ISO 标准正在研制当中，主要包括可回收货运集装箱、可回收运输单品、运输单元、产品包装、产品标识以及电子货柜封条等。从 GS1（电子商务、物品标识、数据同步交换方面的全球标准化组织）、EPC Global 及 ISO 到国家与地方的众多组织（例如日本 UID 等）以及 US IEEE 和 AIM Global 等都已参与到 RFID 相关标准的研制当中。

由于 WiFi、WiMax、蓝牙、ZigBee、专用短程通信协议（dedicated short rang communications，DSRC）以及其他短程无线通信协议正用于 RFID 系统或融入 RFID 设备当中，这使得 RFID 等的实际应用变得更为复杂。此外，RFID 中“接口间的接口”近距无线通信（near field communication，NFC）的采用是因为该技术用到了 RFID 设备通常采用的最佳频率。

引用业界专家的分析来说，RFID 与标准的关系可以通过处理以下几个问题来解决：

（1）技术如接口和转送技术。例如，中间件技术以 RFID 中间件扮演 RFID 标签和应用程序之间的中介角色，从应用程序端使用中间件所提供一组通用的应用程序接口（application programming interface，API），即能连到 RFID 读写器，读取 RFID 标签数据。RFID 中间件采用程序逻辑及存储再转送（store-and-forward）的功能来提供顺序的消息流，具有数据流设计与管理的能力。

（2）一致性。主要指其能够支持多种编码格式，例如支持产品电子代码（electronic product code，EPC）等规定的编码格式，也包括 EPC Global 所规定的标签数据格式标准。

（3）性能尤其是指数据结构和内容，即数据编码格式及其内存分配。

（4）电池辅助及传感器的融合。目前，RFID 同传感逐步相融合，物品定位采用 RFID 三角定位法以及更多复杂的技术，还有一些 RFID 技术中用传感代替芯片。例如，能够实现温度和应变传感的声表面波（surface acostic ware，SAW）标签用于 RFID 技术中。然而，几乎所有的传感器系统，包括有源 RFID 等都需要从电池获取能量。

1.5.1 标准总览

目前，RFID 还未形成统一的全球化标准，市场为多种标准并存的局面，但随着全球物流行业 RFID 大规模应用的开始，RFID 标准的统一已经得到业界的广泛认同。RFID 系统主要由数据采集和后台数据库网络应用系统两大部分组成。目前已经发布或者是正在制定中的标准主要是与数据采集相关的，其中包括电子标签与读写器之间的空气接口、读写器与计算机之间的数据交换协议、RFID 标签与读写器的性能和一致性测试规范以及 RFID 标签的数据内容编码标准等。后台数据库网络应用系统目前并没有形成正式的国际标准，只有少数产业联盟制定了一些规范，现阶段还在不断演变中。

RFID 标准争夺的核心主要在 RFID 标签的数据内容编码标准这一领域。目前，形成了五大标准组织，分别代表了国际上不同团体或者国家的利益。EPC Global 是由北美统一编码协会（Uniform Cocle Council，UCC）和欧洲 EAN 产品标准组织联合成立，在全球拥有上百家成员，得到了零售巨头沃尔玛，制造业巨头强生、宝洁等跨国公司的支持。而 AIM、ISO、UID 则代表了欧美国家和日本；IP-X 的成员则以非洲、大洋洲、亚洲等国家为主。相比而言，EPC Global 由于综合了美国和欧洲厂商，实力相对占上风。

1. EPC Global

EPC Global 是由 UCC 和 EAN 联合发起的非营利性机构，全球最大的零售商沃尔玛连锁集团、英国 Tesco 等 100 多家美国和欧洲的流通企业都是 EPC 的成员，同时由美国 BEA 公司、IBM 公司、微软、Auto-ID Lab 等进行技术研究支持。此组织除发布工业标准外，还负责 EPC Gobal 号码注册管理。EPC Global 系统是一种基于 EAN • UCC 编码的系统，作为产品与服务流通过程信息的代码化表示，EAN • UCC 编码具有一整套涵盖了贸易流通过程各种有形或无形的产品所需的全球唯一的标识代码，包括贸易项目、物流单元、位置、资产、服务关系等标识代码。EAN • UCC 标识代码随着产品或服务的产生在流通源头建立，并伴随着该产品或服务的流动贯穿全过程。EAN • UCC 标识代码是固定结构、无含义、全球唯一的全数字形代码。在 EPC 标签信息规范 1.1 中采用 64-96 位的电子产品编码；在 EPC 标签信息规范 2.0 中采用 96-256 位的电子产品编码。

2. ISO 标准

国际标准化组织（International Organization for Standardization，ISO）也制定了 RFID 自动识别和物品管理的一系列标准。例如，ISO 创造了使用 RFID 跟踪牛群的标准。ISO 11784 定义了如何组织标签的数据结构，ISO 11785 定义了空中接口协议。国际标准化组织也起草、建立了 RFID 标签在支付系统、非接触智能卡和接触式卡领域的空中接口标准（ISO 14443 和 ISO 15693），它也建立了测试 RFID 标签和读写器兼容性的标准（ISO 18047）和测试 RFID 标签和读写器性能的标准（ISO 18046）。下面是其中的一些标准：

ISO 15693—Smart Labels

ISO 14443—Contactless payments

ISO 11784—Livestock

ISO 18000—包括可能被用来追踪货物供应链的空中接口协议。它们基本覆盖了用于 RFID 系统的频率范围。它的 7 个组成部分是：

18000—1：Generic parameters for air interfaces for globally accepted frequencies

18000—2：Air interface for 135 KHz

18000—3：Air interface for 13.56 MHz

18000—4：Air interface for 2.45 GHz

18000—5：Air interface for 5.8 GHz

18000—6：Air interface for 860 MHz to 930 MHz

18000—7：Air interface at 433.92 MHz

3. BEA 参考实现

BEA 在 EPC Global 即 RFID 的国际标准组织内一直保持领先地位。BEA WebLogic RFID 产品系列是第一个端到端、基于标准的 RFID 基础架构平台，能自动运行具有全新 RFID 功能的业务流程。领先的无线射频识别基础架构技术与 BEA 面向服务架构（service oriented architecture，SOA）驱动的平台的强强结合，使企业可利用网络边缘和数据中心资产，并在所有层次获得无与伦比的扩展性和性能。BEA 的参考架构由四个层组成：读写器层、边缘服务器层、集成层和应用层。

底层的读写器以特定的速度轮询标记，通常基于一个类似于运动传感器的触发器。无论在任何时间，IP 可寻址的读写器应由一个且仅由一个边缘服务器进行控制，该要求是避免与网络分区相关的问题所必需的。

边缘服务器定期轮询读写器（例如 2 次/s），删除复本，并进行筛选和设备管理。边缘服务器还负责创建 ALE 事件并将其分派至集成层。这种分派通常需要 exactly-once 消息语义。

集成层接收多个应用层事件（application level event，ALE）并将其合并到涉及各种系统和人员的工作流中，这些系统和人员是更大的业务流程的一部分。集成层通过基于标准的 JCA 适配器与打包应用程序（例如仓库管理系统或产品信息管理系统）交互。通过一些提供抽象层的控件和开源框架，该层也可以与系统一起工作，抽象层将后端组件公开为可重用组件。

集成层也可以通过 Web 服务接口与对象名解析服务（object naming service，ONS）进行通信。类似于 DNS 服务器，ONS 可以用于查寻独有的 RFID 标记 ID 以及确认附加的产品信息。集成层还必须维护电子产品代码信息服务（electronic product code information service，EPC-IS）储存库，并从中查询数据，该库提供了 ALE 事件（例如通过供应链跟踪和追踪产品）的业务上下文。围绕 EPC-IS 储存库的标准目前正在定义。

最后，集成层还可以利用 B2B 的消息机制（例如查询 EPC-IS 储存库的 EDI 或 Web 服务请求），通过网关，与外部系统进行通信。

边缘与集成层的分离可以提高可伸缩性并降低客户成本，因为边缘层既是轻量级的，成本又低。随着应用服务器和数据库连接池的使用日益流行，互联网数据库连接的快速增长，业界从互联网通信转向 RFID 通信，需要有一个单独的层进行筛选并将连接集中到集成层。

控制消息通过管理门户流入系统，进入集成层，然后进入边缘，最后进入读写器。自动配置和配置沿着这个链向下进行，而读写器数据逆链而上进行筛选和传播。

1.5.2 RFID 在中国的相关标准

在 RFID 技术发展的前 10 年中，有关 RFID 技术的国际标准的研讨空前热烈，国际标准化组织 ISO/IEC JTCl SC31 下级委员会成立了 RFID 标准化研究工作组 WG4。而中国

RFID 有关的标准化活动，由全国信息技术标准化技术委员会（以下简称“信标委”）自动识别与数据采集分委会对口国际 ISO/IEC JTC1 SC31，负责条码与射频部分国家标准的统一归口管理。

条码与物品编码领域国家标准主管部门是国家标准化管理委员会（以下简称“国标委”），射频领域国家标准主管部门是信息产业部和国际委，该领域的技术归口由信标委自动识别与数据采集技术分委会负责。

1.5.3 RFID 相关标准的社会影响因素

（1）无线通信管理——例如欧洲电信标准协会（European Telecommunications Standards Institute，ETSI），美国联邦通信委员会（Federal Communications Commission，FCC）等相关要求。

（2）人类健康——主要是国际非电离辐射保护委员会（International Commission on Non-Ionizing Radiation Protection，ICNIRP），一个为世界卫生组织及其他机构提供有关非电离放射保护建议的独立机构的相关要求，目前许多国家使用其推荐的标准作为该国的放射规范标准。其主要是有关工作频率、功率、无线电波辐射等对健康的影响标准。

（3）隐私。隐私问题的解决基于同意原则，即用户或消费者能够容忍的程度。

（4）数据安全——经济合作与发展组织（Organization for Economic Co-operation and Development，OECD）曾发布有关文件，规定了信息系统和网络安全的指导方针。与 ISO 17799（信息安全管理的实践代码）相似，并不强制要求遵从这些指导方针，但这些指导方针却为信息安全计划提供了坚实的基础。

1.5.4 RFID 相关标准的推动力

1. 大零售商的要求

随着 RFID 标签价格下降，沃尔玛与其供货商继续商议，寻找在他们更多分店及分销中心接收供货商更多 RFID 贴标货品的可行性；而世界第三大零售商麦德龙集团（Metro Group）也在供应链上采用射频识别技术，并在德国莱茵伯格市的一家“未来商店”里大量应用 RFID。

表 1.5 沃尔玛 RFID 实施进度表

沃尔玛要求	时间
前 100 家供应商贴 RFID 标签	2005 年 1 月前
前 300 家供应商贴 RFID 标签	2006 年 1 月前
前 600 家供应商贴 RFID 标签	2007 年 1 月前
Gen2 开始取代 Gen1 标签	2006 年中期

英国大零售商 Tesco 也已将 RFID 技术应用于 Sandhurst 商店以跟踪 DVD 的销售，并将这一类型的芯片尝试使用在 Cambridge 商店的 Gilette 剃须刀的出售上。公司还计划将 RFID 技术覆盖整个商店和所有产品，除了对 item-level 产品的跟踪，还包括例如茶杯和

常用工具等普通产品。所有的产品，包括化妆品、电池以及移动通信设备等，都会在英国全国范围内被 Tesco 的 RFID 技术跟踪。

2. 美国国防部的推动

美国国防部是 RFID 在军事国防应用上的主动力。美国国防部采用 EPC 编码作为其供应商军需物资的唯一标识，为与民用系统的 EPC 标识相区别，EPC Global 专门给其分配一个标头。

3. RFID 设备安装——ETSI TG34

2004 年 9 月 ETSI 就发布了 EN 302 208 标准，规定了 865～868 MHz 波段中 UHF（欧洲 RFID 所用超高频段）段 RFID 设备的“技术要求和测量方法”。2005 年 3 月第一次 RFID Plugtests™ 测试在 ETSI 总部进行，测试关注的焦点是码头仓库库门环境下的多读写器同时识读。

第 2 章

射频识别系统的组成与工作原理

2.1 射频识别技术的简介

RFID 的中文名称为“无线射频识别”，是英文“radio frequency identification”的缩写，为非接触式自动识别技术的一种。最简单的 RFID 系统由标签、读写器和天线三部分组成。其工作原理是：标签进入磁场后，接收读写器发出的射频信号，凭借感应电流所获得的能量发送出存储在芯片中的产品信息，或者主动发送某一频率的信号；读写器读取信息并解码后，送至中央信息系统进行有关数据处理。

射频识别技术是 20 世纪 90 年代开始兴起的一种自动识别技术，射频识别技术是一项利用射频信号通过空间耦合（交变磁场或电磁场）实现无接触信息传递并通过所传递的信息达到识别目的的技术。基本的 RFID 系统至少包含读写器（reader）和标签（tag）。RFID 标签由芯片与天线组成，每个标签具有唯一的电子编码，标签附着在物体上以标识目标对象。RFID 读写器的主要任务是控制射频模块向标签发射读取信号，并接受标签的应答，对标签的识别信息进行处理。

由于 RFID 技术巨大的应用前景，许多企业争先研发。目前，RFID 已成为 IT 业界的热点，各大软硬件厂商，包括 IBM、Philips、TI、Oarcle、Sun、BEA、SAP 在内的各家企业都对 RFID 技术及其应用表现出浓厚的兴趣，相继投入大量的研发经费，推出各自的软件和硬件产品机系统应用解决方案。在应用领域，以 Wal-mart、UPS、Gielltte 等为代表的大批企业已经开始准备采用 RFID 技术对实际系统进行改造，以提高企业的工作效率并为客户提供各种增值业务。

RFID 技术具有如下特点：

超空间性。RFID 设备可以在几十米距离之外识别产品信息，可以无视建筑、包装或其他阻隔，具有超越空间的识别能力。RFID 的这种能力使其更能适应特殊环境，例如多油污、灰尘等，传统的条形码扫描很难直接获取油污覆盖下的产品信息，而 RFID 技术则可以在一定距离之外成功获取此类信息。

高容纳力。RFID 技术中的标签相对于条形码可以存储更多的信息，例如生产日期、入库日期等，能帮助物流管理人员更好地调配。同时，RFID 设备可进行反复读写，即可将一套设备信息删除后重新录入其他信息，这样就极大地提高了使用效率。

可共享性。RFID 设备上存储的产品信息可以由规格相同的设备读取，这就使得整个产业链上的企业共享数据成为可能。数据共享的实现能更好地体现 RFID 的规模效益。

可集成性。RFID 系统可以与其他物流管理信息系统集成以形成完整的物流管理信息系统，实现物流管理信息化。

2.2 射频识别系统的分类

RFID 系统按照不同的原则有多种分类方法。依其采用的频率不同可分为低频系统、中频系统和高频系统三大类；根据标签内是否装有电池为标签通信提供能量，可将其分为有源系统和无源系统两大类；从标签内保存的信息注入的方式可为分集成电路固化式、现场有线改写式和现场无线改写式三大类；根据读取电子标签数据的技术实现手段，可将其分为广播发射式、倍频式和反射调制式三大类。另外还可依据标签的材质、系统工作距离和读写器的工作状态等方面对 RFID 系统进行分类。以下是各主要分类方法的简单描述。

1. 低频系统

一般是指工作频率为 100～500 kHz 的系统。典型的工作频率有 125 kHz、134.2 kHz 和 225 kHz 等，其基本特点是标签的成本较低、标签内保存的数据量较少、标签外形多样（卡状、环状、纽扣状、笔状）、阅读距离较短且速度较慢、阅读天线方向性不强等。其主要应用于门禁系统、家畜识别和资产管理等场合。

2. 中频系统

一般是指工作频率为 10～15 MHz 的系统。典型的工作频段有 13.56 MHz。中频系统的基本特点是标签及读写器成本较高、标签内保存的数据量较大、阅读距离较远且具有中等阅读速度、外形一般为卡状、阅读天线方向性不强。其主要应用于门禁系统和智能卡等场合。

3. 高频系统

一般是指工作频率为 850～950 MHz 和 2.4～5.8 GHz 的系统。典型的工作频段有 915 MHz、2.45 GHz 和 5.08 GHz。高频系统的基本特点是标签内数据量大、阅读距离远且具有高速阅读速度、适应物体高速运行性能好，但标签及读写器成本较高且读写器与标签工作时多为视距读取问题。另外，高频系统较中、低频系统仍没有较为统一的国际标准，因此在实施推广方面还有许多工作要做。高频系统大多为采用软衬底的标签形状，其主要应用在火车车皮监视和零售系统等场合。

4. 有源/无源系统

有源系统一般指标签内装有电池的 RFID 系统。有源系统一般具有较远的阅读距离，不足之处是电池的寿命有限（3～10 年）。无源系统一般是指标签中无内嵌电池的 RFID 系统。系统工作时，标签所需的能量由读写器发射的电磁波转化而来。因此，无源系统一般可做到免维护，但在阅读距离及适应物体运行速度方面无源系统较有源系统略有限制。

5. 集成固化式标签

集成固化式标签的信息一般在集成电路生产时即将信息以 ROM 工艺模式注入，其保存的信息是一成不变的。现场有线改写式一般将标签保存的信息写入其内部的存储区中，信息需改写时要专用的编程器或写入器，且改写过程中必须为其供电。现场无线改写式一般适用于有源类标签，具有特定的改写指令，标签内保存的信息也位于其中的存储区。一般情况下改写数据所需时间远大于读取数据所需时间。通常，改写所需时间为秒级，阅读时间为毫秒级。

广播发射式系统实现起来最简单。标签必须采用有源方式工作，并实时将其储存的标识信息向外广播，读写器相当于一个只收不发的接收机。这种系统的缺点是电子标签必须不停地向外发射信息，既费电，又对环境造成电磁污染，而且系统不具备安全保密性。

6. 倍频式系统

此系统实现起来有一定难度。一般情况下，读写器发出射频查询信号，标签返回的信号载频为读写器发出射频的倍频。这种工作模式对读写器接收处理回波信号提供了便利，但是对无源系统来说，标签将接收的读写器射频信号转换为倍频回波载频时，其能量转换效率较低。而提高转换效率需要较高的微波技术，这就意味着更高的电子标签成本，同时这种系统工作须占用两个工作频点，一般较难获得无线电频率管理委员会的产品应用许可。

7. 反射调制式系统

实现起来要解决同频收发问题。系统工作时，读写器发出微波查询（能量）信号，标签（无源）将部分接收到的微波查询能量信号整流为直流电供其内部的电路工作，另一部分微波能量信号被标签内保存的数据信息调制（ASK）后反射回读写器。读写器接收到反射回的幅度调制信号后，从中解析出标识性数据信息。系统工作过程中，读写器发出微波信号与接收反射回的幅度调制信号是同时进行的。反射回的信号强度较发射信号要弱得多，因此技术实现上的难点在于同频接收。

2.3 射频识别系统的组成

如图 2.1 所示，典型的 RFID 系统由标签、读写器以及数据交换和管理系统组成。对于无源系统，读写器通过耦合元件发送出一定频率的射频信号，当标签进入该区域时通过

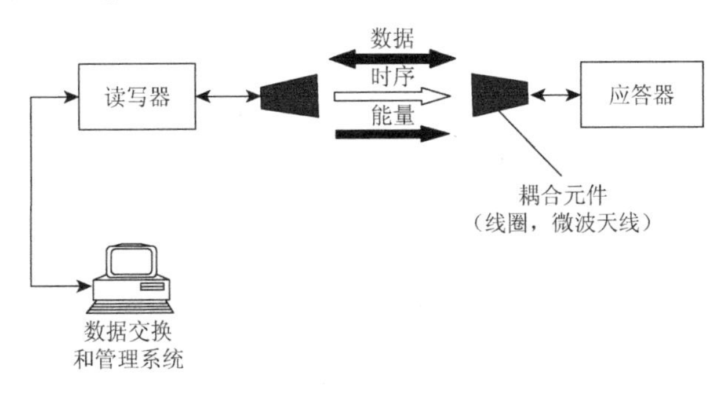

图 2.1 典型的 RFID 系统组成

耦合元件从中获得能量以驱动后级芯片与读写器进行通信。读写器读取标签的自身编码等信息并解码后送至数据交换、管理系统处理。而对于有源系统，标签进入读写器工作区域后，由自身内嵌的电池为后级芯片供电以完成与读写器间的相应通信过程。

2.3.1 标签的组成

作为RFID系统中真正的数据载体，由耦合元件和后级芯片构成的标签又可以分为具有简单存储功能的数据载体和可编程微处理器的数据载体。前者是用状态机在芯片上实现寻址和安全逻辑，而后者则是用微处理器代替了标签中不够灵活的状态机。因此在功能模块划分的意义上两者是相同的，即电子数据载体的标签主要由存放信息的存储器、用于能量供应及与读写器通信的高频接口、实现寻址和安全逻辑的状态机或是微处理器组成。电子数据载体标签结构如图2.2所示。

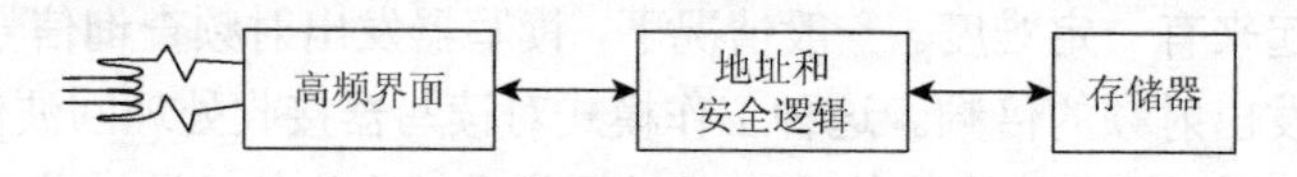

图2.2 电子数据载体标签结构框图

1. 高频接口

高频接口在从读写器到标签的模拟传输通路与标签的数字电路间形成了模数转换接口。从功能上来说，高频接口就是数字终端与模拟通信链路间的调制/解调器，如图2.3所示。

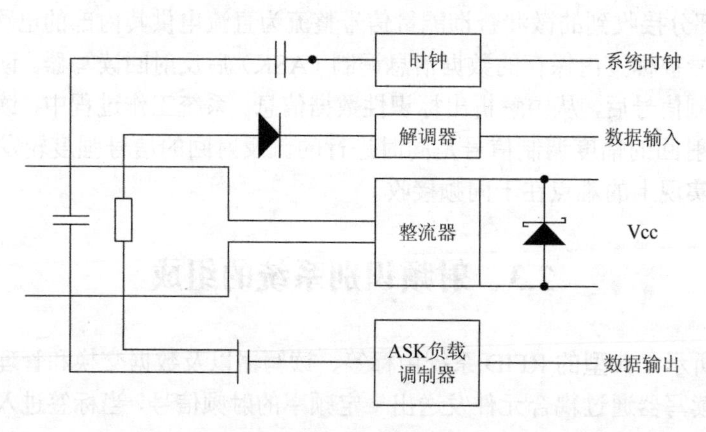

图2.3 负载调制的电感耦合标签高频接口结构

从读写器发出的调制高频信号，经解调器解调后输出串行数据流以供地址和安全逻辑电路进一步加工。另外，时钟脉冲电路从高频场的载波频率中产生用于后级电路工作的系统时钟。为了将数据载体的信息返回到读写器，高频界面需包含有由传送的数字信息控制的后向散射调制器或是倍频器等调制模块。

对于无源系统来说，标签在与读写器通信过程中，是由读写器的高频场为其提供所需的能量。为此，高频界面从前端耦合元件获取电流，经整流稳压后作为电源供应芯片工作。

2. 地址和安全

逻辑地址和安全逻辑是数据载体的心脏，控制着芯片上的所有过程。图 2.4 是地址和安全逻辑电路的基本功能模块划分图。在标签进入读写器高频场并获得足够的工作能量时，通过上电初始化逻辑电路使得数据载体处于规定的状态，通过 I/O 寄存器标签与读写器进行数据交换。加密模块是可选的，其主要完成鉴别、数据加密和密钥管理的功能。数据存储器则经过芯片内部总线与地址和安全逻辑电路相连。

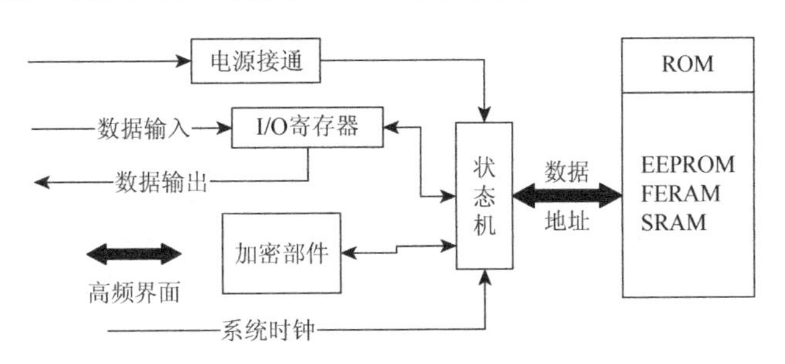

图 2.4 地址和安全逻辑电路框图

标签通过状态机对所有的通信过程进行控制。状态机是一种具有存储变量状态能力、执行逻辑操作的自动装置，其“程序化的过程”是通过芯片设计实现的。但芯片一旦制作成型，状态机的执行过程便随之确定。因此，此种地址和安全逻辑设计多用在大量且固定应用场合。

3. 存储器结构

对于电子数据载体而言，存储器是存放标识信息的媒质。由于射频识别技术的不断进步和应用范围的不断增加，出于不同的应用需求存储器的结构也是品目众多。以下是在 RFID 系统中应用较为典型的存储器结构的简单介绍。

1）只读标签

只读标签构成 RFID 系统数据载体的低档和低成本部分。当只读标签进入读写器的工作范围，标签就输出其自身的标识信息。一般来说，这个标识信息就是个简单的序列号。该序列号在芯片生产过程中已由厂家唯一植入。用户既不能改变其序列号，也不能对芯片再写入任何数据。

2）可写入的标签

可写入标签的存储量从一个字节到数千字节不等。但读写器对标签的写入和读出操作大多是按组进行的。一般字组是事先规定好数目的字节组成，字组结构使得读写器对芯片中存储器的寻址更加简单。为了修改一个单独字节的数据，必须首先从标签中读出整个字组，然后将包含修改字节的同一字组重新写回标签。

除此之外，还有具有密码功能的标签、分段存储器等各种不同的标签。

2.3.2 读写器的组成

虽然所有 RFID 系统的读写器均可以简化为两个基本的功能块：控制系统和由发送器及接收器组成的高频接口，如图 2.5 所示，但由于众多的非接触传输方法的存在使得读写器内部的结构存在较大区别。因此本文仅就读写器中的两个基本模块的功能实现方面对读写器的组成进行简单的介绍。

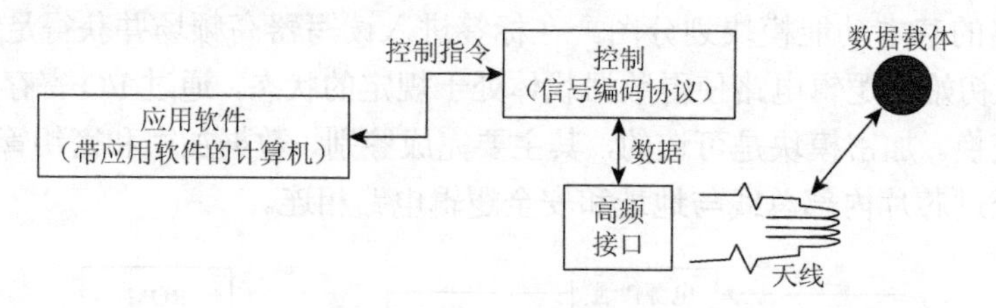

图 2.5　读写器功能模块图

1. 高频接口

读写器的高频接口主要完成如下任务：产生高频的发射功率，以启动标签并为其提供能量；对发射信号进行调制，用于将数据传送给标签；接收并调制来自标签的高频信号。在高频接口中有两个分隔开的信号通道，分别用于标签两个方向上的数据流。传送到标签上的数据流通过发送器分支，而来自标签的数据通过接收器分支。不同的非接触传输方法，这两个信号通道的具体实现有所不同。

2. 控制单元

读写器的控制单元担负如下任务：与应用系统软件进行通信，并执行应用系统软件发来的命令、控制与标签的通信过程、信号的编码与解码。对于复杂系统，控制单元还可能具有以下功能。

（1）执行防冲突算法。

（2）对标签与读写器之间要传送的数据进行加密和解密。

（3）进行标签与读写器之间的身份验证等。

（4）应用系统软件与读写器间的数据交换是通过 RS232 或 RS485 串口进行的，而读写器中的高频接口与控制单元间的接口将高频接口的状态以二进制的形式表示出来。

2.4　射频识别系统的工作原理

作为无线自动识别技术，RFID 技术有许多非接触的信息传输方法，主要从耦合方式（能量或信号的传输方式）、标签到读写器的数据传输方法和通信流程进行分析比较。其中主要讲述 RFID 系统读写器与标签间耦合方式的工作原理。

2.4.1　耦合方式

1. 电容耦合

电容耦合方式，读写器与标签间互相绝缘的耦合元件工作时构成一组平板电容。当标签写入时，标签的耦合平面同读写器的耦合平面间相互平行，如图 2.6 所示。

电容耦合只用于密耦合（工作距离小于 1 cm）的 RFID 系统中。ISO 10536 中就规定了使用该耦合方法的密耦合 IC 卡的机械性能和电气性能。

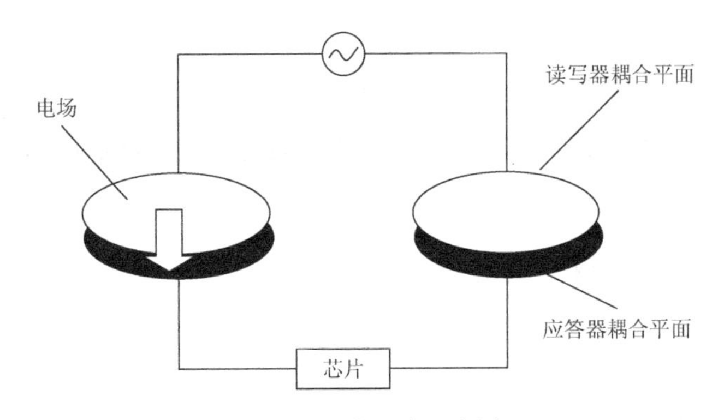

图 2.6　电容耦合示意图

2. 磁耦合

磁耦合是现在使用的中、低频 RFID 系统中最为广泛的耦合方法，其中以 13.56 MHz 无源系统最为典型。读写器的线圈生成一个磁场，该磁场在标签的线圈内感应出电压从而为标签提供能量。这与变压器的工作原理正好完全一样，因此磁耦合也称为电感耦合。

与高频 RFID 系统不同的是，磁耦合 RFID 系统的工作区域是读写器传输天线的“近场区”。一般说来，在单天线 RFID 系统中，系统的操作距离近似为传输天线的直径。对于距离大于天线直径的点，其场强将以距离的 3 次方衰减。那就意味着如果仍保持原有场强，发射功率就需以 6 次方的速率增加。因此，此耦合主要用于密耦合或是遥耦合（操作距离小于 1 m）的 RFID 系统中。

3. 电磁耦合

电磁辐射是作用距离在 1 m 以上的远距离 RFID 系统的耦合方法。在电磁辐射场中，读写器天线向空中发射电磁波，其时电磁波以球面波的形式向外传播。置于工作区中的标签处于读写器发射出的电磁波之中并在电磁波通过时收集其中的部分能量。场中某点的可获得能量的大小取决于该点与发射天线之间的距离，同时能量的大小与该距离的平方成反比。

对于远距离系统而言，其工作频率主要在 UHF 频段甚至更高。从而读写器与标签之间的耦合元件也就从较为庞大且复杂的金属平板或是线圈变成了一些简单形式的天线，例如半波振子天线。这样一来，远距离 RFID 系统体积更小，结构更简单。

2.4.2　通信流程

在电子数据载体上，存储的数据量可达到数千字节。为了读出或写入数据，必须在标签和读写器间进行通信。这里主要有三种通信流程系统：半双工系统、全双工系统和时序系统。

在半双工法（half duplex，HDX）中，从标签到读写器的数据传输与从读写器到标签的数据传输交替进行。当频率在 30 MHz 以下时常常使用负载调制的半双工法。

在全双工法（full duplex，FDX）中，数据在标签和读写器间的双向传输是同时进行的。其中，标签发送数据所用的频率为读写器发送频率的几分之一，即采用“分谐波”，或是用一个完全独立的“非谐波”频率。

以上两种方法的共同特点是：从读写器到标签的能量传输是连续的，与数据传输的方向无关。与此相反，在使用时序系统的情况下，从读写器到标签的能量传输总是在限定的时间间隔内进行的（脉冲操作，脉冲系统）。从标签到读写器的数据传输是在标签的能量供应间隙进行的。

2.4.3　标签到读写器的数据传输方法

无论是只读系统还是可读写系统，作为关键技术之一的标签到读写器的数据传输在不同的非接触传输实现方案的系统中有所区别。作为 RFID 系统的两大主要耦合方式，磁耦合和电磁耦合分别采用负载调制和后向散射调制。

所谓负载调制是用某些差异进行的用于从标签到读写器的数据传输方法。在磁耦合系统中，通过标签振荡回路的电路参数在数据流的节拍中的变化，从而实现调制功能。在标签振荡回路的所有可能的电路参数中，只有负载电阻和并联电容两个参数被数据载体改变。因此，相应的负载调制被称为电阻（或有效的）负载调制和电容负载调制。

对于高频系统而言，随着频率的上升其穿透性越来越差，而其反射性却越发明显。在高频电磁耦合的 RFID 系统中，类似于雷达工作原理用电磁波反射进行从标签到读写器的数据传输。雷达散射截面是目标反射电磁波能力的测度，而即 RFID 系统中散射截面的变化与负载电阻值有关。当读写器发射的载频信号辐射到标签时，标签中的调制电路通过待传输的信号控制馈接电路是否与天线匹配实现信号的幅度调制。当天线与馈接电路匹配时，读写器发射的载频信号被吸收；反之，信号被反射。

2.5　射频通信的菲涅耳区

2.5.1　菲涅耳区

当需要计算 RFID 的传播主区的几何尺寸时，要应用惠更斯-菲涅耳原理。惠更斯-菲涅耳原理认为，波在传播过程中，波面上的每一点都是一个进行二次辐射球面波（子波）的波源，而下一个波面，就是前一个波面所辐射的子波波面的包络面。由惠更斯-菲涅耳原理可知，视距传播收发天线之间传播的信号，并非只占用收发天线之间的直线区域，而是占用一个较大的区域，这个区域可以用菲涅耳区来表示。

下面讨论菲涅耳区的几何区域。如图 2.7（a）所示，若 T 点为发射天线，R 点为接收天线，以 T 点和 R 点为焦点的旋转椭球面所包含的空间区域，称为菲涅耳区。若在 TR 两点之间插入一个无限大的平面 S，并让平面 S 垂直于 TR 连线，平面 S 将与菲涅耳椭球相交成一个圆，圆的半径称为菲涅耳半径。若菲涅耳半径不同，菲涅耳区的大小也不同，菲涅耳区有无数多个，分为最小菲涅耳区、第一菲涅耳区、第二菲涅耳区等。

在图 2.7（b）中，t 为平面 S 上的一点到发射天线 T 点的距离，r 为平面 S 上的一点到接收天线 R 点的距离，发射天线 T 与接收天线 R 之间相距 d。可以看出，$t+r-d$ 就是收发天线之间两条不同路径电磁波的行程差。当行程差为 $\frac{n\lambda}{2}$ 的奇数倍时，两条不同路径

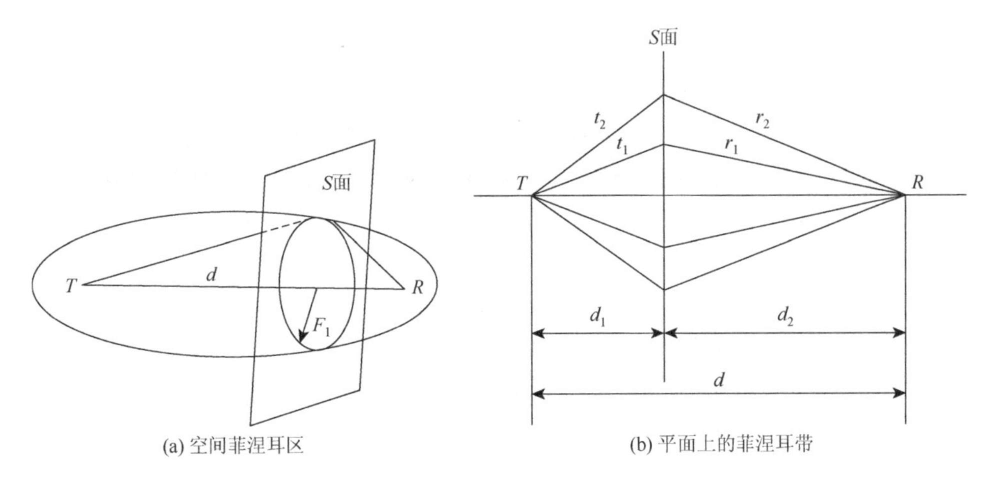

图 2.7　菲涅耳区

电磁波的作用相同，接收点的电场得到加强；当行程差为 $\dfrac{n\lambda}{2}$ 的偶数倍时，两条不同路径电磁波的作用相反，接收点的电场相互抵消。

可以划分如下菲涅耳区的范围：

$$t+r-d=\frac{\lambda}{2}$$

$$t+r-d=2\cdot\frac{\lambda}{2}$$

……

$$t+r-d=n\cdot\frac{\lambda}{2}$$

以上三个式子分别定义了第一菲涅耳区，第二菲涅耳区及第 n 菲涅耳区。

第一菲涅耳区不同路径电磁波到达接收天线的作用相同，当电磁波通过整个第一菲涅耳区时，接收点的信号是最强的，因此经常讨论第一菲涅耳区的范围。除第一菲涅耳区外，最小菲涅耳区也是一个重要概念，最小菲涅耳区在第一菲涅耳区内，当电磁波通过整个最小菲涅耳区时，不同路径信号到达接收点时也是同相相加，信号也得到加强。

1. 最小菲涅耳区

为了获得自由空间的传播条件，只要保证在一定的菲涅耳区域内满足“自由空间的条件”就可以了，这个区域称为最小菲涅耳区。也就是说，只要最小菲涅耳区内无障碍物，满足“自由空间的条件”，收发天线之间的电波传播与全空间无障碍物相同。最小菲涅耳区的大小可以用菲涅耳半径表示，最小菲涅耳区半径为

$$F_0=0.577\sqrt{\frac{\lambda d_1 d_2}{d}}$$

其中，d 表示收发天线之间的距离，d_1 和 d_2 分别表示发射天线和接收天线与平面 S 的距离，此时最小菲涅耳半径是平面 S 与菲涅耳椭球相交成圆的半径。可以看出，当收发天线之间的距离一定时，波长越短，传播主区的菲涅耳半径越小，菲涅耳椭球的区域越细长，最后变为一条直线，这就是认为光的传播路径是直线的原因。

2. 第一菲涅耳区

第一菲涅耳区比最小菲涅耳区大，当第一菲涅耳区内满足“自由空间的条件”，并且收发天线只利用第一菲涅耳区传播电磁波时，则接收天线在 R 点得到的辐射场为自由空间的两倍。当收发天线只利用第一菲涅耳区传播电磁波时，接收天线能得到所有传播环境中最大的辐射场。第一菲涅耳区的大小可以用菲涅耳半径表示，第一菲涅耳区半径为

$$F_1\sqrt{\frac{\lambda d_1 d_2}{d}}$$

为保证系统正常通信，收发天线要满足它们之间的障碍物尽量不超过第一菲涅耳区的20%，否则电磁波多径传播就会产生不良的影响，导致通信质量下降。

2.5.2 地面反射

在发射和接收天线的视线距离内，电磁波除直接从发射天线传播到接收天线外，还可以经过地面反射到达接收天线，接收天线处的场强是直射波和反射波的叠加。

1. 地面菲涅耳区

虽然地面各点均产生反射，但只有地面菲涅耳区对反射产生主要作用，地面菲涅耳区与第一菲涅耳区或最小菲涅耳区相对应，是反射波的传播主区。

假设地面为无限大理想导电平面，地面的影响可以用镜像法来分析。如图 2.8 所示，依旧假设 T 点为发射天线，R 点为接收天线，T' 点是 T 点在地面的镜像点，地面反射波可以视为由镜像波源 T 点发出的。由自由空间电波传播菲涅耳区的概念可知，在镜像天线 T' 点到接收天线 R 点之间电磁波传播的主区，就是以 T' 点和 R 点为焦点的最小或第一菲涅耳椭球区，该椭球与地面相交的椭圆，就是地面菲涅耳区。

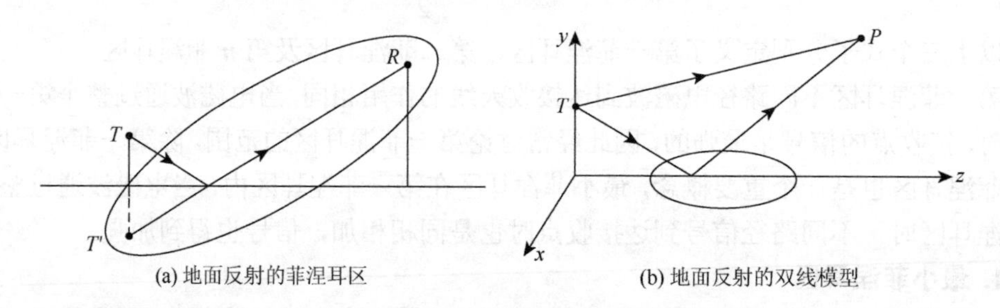

图 2.8　地面菲涅耳区

2. 地面等效反射系数及瑞利准则

实际地面是起伏不平的，理想光滑地面是不存在的，镜像反射只是一种理想情况。地面对电磁波的影响主要体现在两个方面，一个是地质的电特性，另一个是地表的物理结构。

地面起伏对反射的影响，可以用地面等效反射系数来描述。地面入射电场、地面反射电场与反射系数 R 的关系为

$$E_r = RE_i = |R|\,\mathrm{e}^{j\varphi} E_i$$

不论地面的性质如何，反射系数 R 的模值总是小于 1。

地面起伏对反射波的影响程度与波长和地面起伏高度之比密切相关。地面不平度常用瑞利准则来描述，瑞利准则给出了光滑地面与粗糙地面的分界点。瑞利准则为：

$$h<\frac{\lambda}{8\cos\theta_i}$$

其中，h 是地面起伏高度，θ_i 为电磁波的入射角。可以看出，电磁波波长越短，或电磁波入射地面的入射角越小，越难以看成是光滑地面。

2.5.3 RFID 电磁波的传播机制

当有障碍物（包括地面）时，电磁波存在直射、反射、绕射和散射等多种情况，这几种情况是在不同传播环境下产生的。

1. 直射、反射、绕射和散射

直射是指电磁波在自由空间传播，没有任何障碍物。

反射是由障碍物产生的，当障碍物的几何尺寸远大于波长时，电磁波不能绕过该物体，在该物体表面发生反射。当反射发生时，一部分能量被反射回来，另一部分能量透射到障碍物内，反射系数与障碍物的电特性和物理结构有关。

绕射也是由障碍物产生的，电磁波绕过传播路径上障碍物的现象称为绕射。当障碍物的尺寸与波长相近，且障碍物有光滑边缘时，电磁波可以从该物体的边缘绕射过去。电磁波的绕射能力与电波相对于障碍物的尺寸相关，波长越大于障碍物尺寸，绕射能力越强。

散射也与障碍物相关，当障碍物的尺寸或障碍物的起伏小于波长，电磁波传播的过程中遇到数量较大的障碍物时，电磁波发生散射。散射经常发生在粗糙表面、小物体或其他不规则物体的表面。

2. RFID 电磁波的传播

总的来说，微波 RFID 希望收发天线之间没有障碍物，提供电磁波直射的环境。微波 RFID 的频率主要包括 433 MHz、800/900 MHz、2.45 GHz 和 5.8 GHz，其中，433 MHz 和 800/900 MHz 频段电波的绕射能力较强，障碍物对电波传播的影响较小；2.45 GHz 和 5.8 GHz 电磁波的波长较短，收发天线直线之间最好没有障碍物。

当频率达到 GHz 时，不仅障碍物对电磁波传播有影响，云、雨、雾也对电磁波传播有影响，而且频率越高、波长越短时，云、雨、雾的影响越大。

3. 衰减与衰落

读写器和电子标签所处的环境比较复杂，电波在空间传播时会发生衰减和衰落。衰减和衰落是不同的概念，衰减指发射天线的信号到达接收天线时信号的振幅减小，衰落指接收点的信号随时间随机的起伏。

2.5.4 菲涅耳区对天线部署的影响

从发射机到接收机的传播路径上，有直射波和反射波，在直射波下面的椭圆形区叫菲涅耳区。奇数菲涅耳区依次和直射波相差半波长奇数倍，但是同相位到达，可以对直射波作有益的补充。偶数菲涅耳区正好相反，可以削弱直射波的能量。一般设计的要求只需要第一菲涅耳区。

无线电波波束的菲涅耳区是一个直接环绕在可见视线通路周围的椭球区域。其厚度会因信号通路长度和信号频率的不同而有变化。

如图 2.9 所示，当坚硬物体突入菲涅耳区内的信号通道时，锐边衍射就会使部分信号偏转，致使其到达接收天线的时间略微晚于直接信号。由于这些偏转的信号与直接信号有相位差，所以它们会降低其功率或者将其完全抵消。如果树木或其他“软”物体突入菲涅耳区，它们就会削弱通过的信号（降低其强度）。简而言之，尽管事实上你能够看到一个位置，但这并不意味着你就能够建立到该位置的优质无线微波电链路。

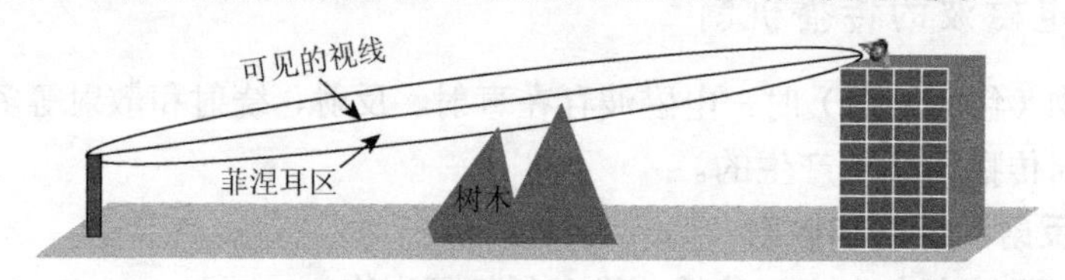

图 2.9　可视通信中树木介入菲涅耳区

从发射机到接收机的传播路径上，有直射波和反射波，反射波的电场方向正好与原来相反，相位相差 180°；如果天线高度较低且距离较远时，直射波路径与反射波路径差较小，则反射波将会产生破坏作用。实际传播环境中，第一菲涅耳区定义为包含一些反射点的椭圆体，在这些反射点上反射波和直射波的路径差小于半个波长。

举例说明：在典型的城市基站覆盖距离为 2 km 的路径上某点，假设该点距离发射天线 100 m，对于 900 MHz 频率而言，该点第一菲涅耳区半径 $h_0 \approx 5$ m。

为获得最理想的覆盖范围，天线周围净空要求为 50～100 m。对 900 m 的 GSM 来说，在此距离的第一菲涅耳区半径约为 5 m，这意味着基站天线底部要高出周围环境 5 m。需要巧妙利用周围建筑物的高度，才可以得到想要的天线覆盖范围。

2.6　RFID 应用系统

2.6.1　概述

RFID 系统在实际应用中，电子标签附着在待识别物体的表面，电子标签中保存有约定格式的电子数据。读写器可无接触地读取并识别电子标签中所保存的电子数据，从而达到自动识别物体的目的。读写器通过天线发送出一定频率的射频信号，当标签进入磁场时产生感应电流从而获得能量，发送出自身编码等信息，被读写器读取并解码后送至电脑主机进行相关处理，如图 2.10 所示。

通常在读写器读标签时给主机系统传递三个信息：标签 ID，读写器 ID，读标签的时间。通过获取的读写器 ID，在数据库中查询，就能知道在读写器当前位置上所对应的产品，然后根据时间数据跟踪标签，就可随时获取产品的位置。

2.6.2　系统结构

一个完整、典型的 RFID 系统通常由以下四个模块组成：标签、读写器、RFID 中间件、应用程序如图 2.11 所示。

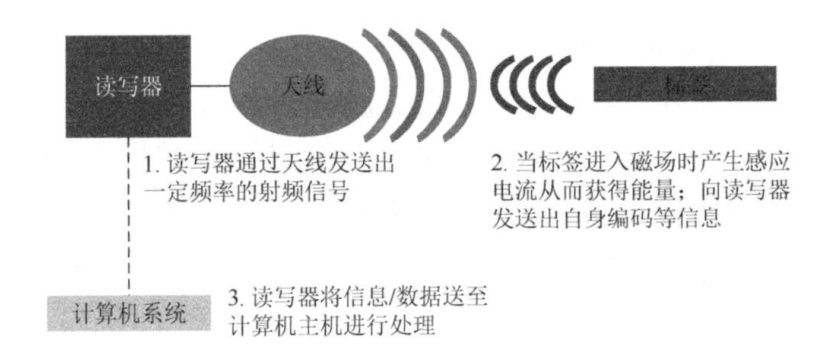

图 2.10　RFID 系统的工作流程

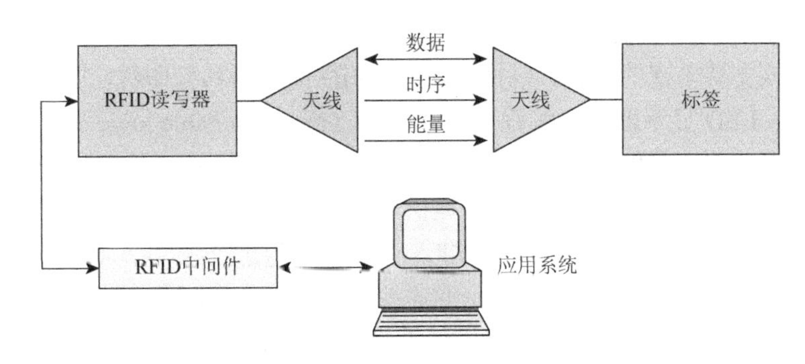

图 2.11　RFID 应用系统的结构

1. 标签

标签由天线和芯片组成，天线在标签和读写器间传递射频信号，芯片里面保存每个标签具有的唯一电子编码和用户数据。每个标签都有一个全球唯一的 ID 号码——UID，UID 是在制作芯片时放在 ROM 中的，无法修改；用户数据区是供用户存放数据的，可以进行读写、覆盖、增加的操作。

2. 读写器

读取（或写入）标签信息的设备，可设计为手持式或固定式。读写器对标签的操作有三类：识别（identify）；读取（read）；写入（write）。

3. RFID 中间件

RFID 中间件是将底层 RFID 硬件和上层企业应用结合在一起的黏合剂。虽然原则上的中间件是横向的软件技术，但在 RFID 系统中，为使其更适用于特定行业，RFID 中间件往往会针对行业做一定的适配工作。

在 RFID 系统这种具体情况下，中间件层除通常的功能外，还有以下特定功能：使阅读/写入更加可靠；把数据通过读写器网络推或者拉到正确位置（类似路由器）；监测和控制读写器；提供安全读/写操作；降低射频干扰；处理标签型和读写器型事件；应用通知；接受并且转发来自应用的中断指令；给用户提供异常告警。

从体系结构上讲，RFID 中间件还可以细分为边缘层和集成层。边缘层与集成层的分离可以提高可伸缩性并降低客户成本，因为边缘层既是轻量级的，成本又低。

边缘层定期轮询读写器，删除复本，并进行筛选和设备管理。边缘服务器还负责创建 ALE 事件并将其分派至集成层。

集成层接收多个 ALE 事件并将其合并到涉及各种系统和人员的工作流中，这些系统和人员是更大的业务流程的一部分。集成层通过基于标准的 JCA 适配器与打包应用程序（例如仓库管理系统或产品信息管理系统）交互。通过提供抽象层的控件和开源框架，该层也可以与系统一起工作，抽象层将后端组件公开为可重用组件。集成层也可以通过 Web 服务接口与对象名解析服务进行通信，利用 B2B 消息通过防火墙中的网关与外部系统进行通信。

1）边缘层

边缘层通常提供的功能有标准的设备支持和管理、高效的捕获数据和过滤数据、创建 ALE 事件并将其分派至集成层。

边缘层应该支持丰富的设备，包括流行的 RFID 读写器和打印机，以及各类条形码识别器、指示灯、LED 显示器和可编程逻辑控制器（programmable logic contnoller，PLC）。它可以运行在单独的计算机上，也可以嵌入新出现的其他设备，例如路由器中。应该符合 EPC Global 应用级别事件（ALE）标准，提供易于使用的标签写入和其他类型设备的扩展功能，并支持 ISO 和 EPC Global 标签标准。

随着 RFID 技术的应用日益广泛，企业需要处理分布在全球各个供应链中数以千计的读写器的输入信息。快速发展将会挑战可伸缩性，需要处理的数据量非常庞大，这样就产生了更大的挑战。

要处理这种级别的数据流量，需要使用非阻塞 I/O 机制。当众多用户同时使用 RFID 访问一个应用程序时，大多数中间件解决方案为每个客户端打开一个接口，并为每个用户建立独有的线程。这种阻塞 I/O 技术严重限制了性能和可伸缩性。与此相反，非阻塞 I/O 可以使BEA web logic server之类的中间件能够在多个并发用户中复用少量的读写器线程，确保较高的性能和可伸缩性。

在处理读写器的大流量数据流和进行消息传递时，需要大量使用 I/O 和网络。边缘服务器的 CPU 主要用于边缘服务器的复本检测和模式匹配。在要处理的数据量确定的情况下，网络带宽也会成为一个问题。“批量数据传输”（将多个请求包装在一个数据包中）可以舒缓网络堵塞问题。它还可以减少多个请求通过安全层及其他代码层所需的时间。

2）集成层

集成层接收多个 ALE 事件并将其合并到涉及各种系统和人员的工作流中，这些系统和人员是更大的业务流程的一部分。它通常提供的功能有安全性、互操作性、管理、消息传递和集成等。

（1）安全。对于 RFID 来说，大量相关的潜在敏感数据使得安全性成为 RFID 系统至关重要的一个方面。最低级别，安全管理可以防止读写器被关闭以及记录项被窃取。因此，必须通过验证、授权或审计来保护管理接口，这也许会通过安全套接字层（secure socket layer，SSL）来实现。

（2）互操作性。互操作性对于确保 RFID 的成功实现具有多重重要意义。最迫切的需求是基于标准的 J2EE 连接器架构（java connector architecture，JCA）适配器要有效连接到诸如仓库管理系统或运输管理系统之类的应用程序。仅能够以私有格式发布 Java 消息服务（java messages service，JMS）消息或事件是远远不够的；应用程序供应商，例如 SAP、Yantra 和 Manhattan，要求事件以确定的格式呈现。适配器可以填平鸿沟，将信息以可接受的格式传播至恰当的应用程序。中间件解决方案应能够提供和支持适用于关键应用程序的适配器。

在其他方面，开箱即用的互操作性同样至关重要。例如，中间件应能够与防火墙提供者、身份验证、授权和审计提供者、负载均衡系统和 JMS 供应商进行互操作。读写器的互操作性也非常重要。尽管读写器通信协议的标准化一直在进行，但在出现一个占据主导地位的标准之前，每个中间件供应商都必须提供一个读写器抽象层和互操作性解决方案。

设计良好的架构可以将读写器抽象层置于边缘层，使得集成层具有读写器无关性。也就是说，集成层无须考虑特定的读写器协议或格式。

（3）管理。随着 RFID 在各个供应链中启用，管理整个架构的能力成为必要。以高级别来看，RFID 的监控和管理包括两个方面：设备管理和对读写器的配置。管理员需要一个管理整个架构的接口，该接口应该包含在一个集中式的门户框架中。

RFID 管理解决方案还应与现有的管理提供者（例如，HP OpenView 或 Tivoli）无缝集成，需要支持简单网络协议（simple network management protocol，SNMP）和 Java 管理扩展（java management extensions，JMX）之类的标准协议。理想的情况是，一个中央配置主机应能够将配置推行至边缘和整个供应链中的读写器。

（4）消息传递。保证的 exactly-once（只发送一次）消息处理语义非常难以实现。即使在干预式消息传输过程中，发送方和接收方也都存在着消息中断的可能性。大部分中间件解决方案没有考虑确保 exactly-once 消息语义的需求。但是，如果不考虑这个问题则会产生一系列问题——例如，单次交付报告会被无意地交付多次。仓库管理员就会认为向合作伙伴发送了多份报告而非一份；在不同的时间和地点多次发生这种情况，其效果就会非常惊人。

另一个重要因素是确保对消息排队和出队的事务性保证。如果消息没有按事务顺序排队，队列就没有保证；类似地，出队的消息也无法保证经过完全处理。其他方面的考虑主要是围绕操作幂等性——重新执行已部分完成的操作是否安全。

有时，需要进行连接的计算，特别是在发送方和接收方地理位置较远时。在这种情况下，如果一方依赖于另一方的同步响应，则网络中断就会带来整个操作的终止。这种情况下应该设为异步通信。通常使用 JMS 进行异步通信。但是，如果 JMS 提供者在接收方，发送方如果无法对消息进行排队就会阻塞（或者引发错误并负责重新尝试发送）。因此，在发生这些问题的情况下，将 JMS 放在接收方不会对发送方有任何帮助。但是，如果要使用存储-转发消息传递机制，其中的许多问题都可以解决。这样，异步通信就可以恢复，因为存储-转发系统会负责继续发送消息、重试等。由于这个原因，JMS Bridge 或存储-转发技术就显得至为重要。

（5）集成。需要进行某种形式的企业应用集成（enterprise application integration，EAI）才能实现 RFID 事件的全部价值。仅将事件从边缘服务器分派至一系列的应用程序还不能完美解决，因为它会产生与安全性、可靠消息传递、性能、可用性、适配器连接、业务流程界定等相关的问题。

比较而言，EAI 解决方案可提供对一个问题的全面概览。例如，一个在两个地点具有不同边缘服务器的组织，可以将事件发送至共同的 EAI 解决方案。涉及连接至不同边缘服务器的读写器或天线的事件需要组合并关联到一个统一的 EAI 层。而且，复杂的事件组合不适用于这种情况，因为边缘层需要占用 CPU 周期。随着业务流程涉及组织内部和外部越来越多的系统和人员，EAI 层变得更为关键。

其他一些方面也使得集成解决方案尤为必要。要连接至后端应用程序，需要使用基于标准的适配器；在可视化环境下汇编、监控和管理流程的能力也非常重要。通过通用抽象层（例如控件），在业务流程、门户、Web 服务、RFID 读写器和其他元素之间构成复杂交互的能力可以大大提高。最后，在传递事件时，必须在边缘层和实际集成层之间实现无缝集成。

2.6.3 RFID 系统的应用领域

RFID 应用通常根据来自标签的数据执行特定的动作，例如，资产跟踪和排序，在客户买走某个商品后在系统中将其删除。相反的，应用也会根据企业内部的信息对标签进行写入，例如，对已经售出的商品写入“已销售”信息或者对出发的运输车写入“零售路线”的信息。RFID 应用通常会根据不同的行业领域进行分类。

1. 仓储库存、资产管理领域

因为电子标签具有读写与方向无关、不易损坏、远距离读取、多物品同时一起读取等特点，所以可以大大提高对出入库产品信息的记录采集速度和准确性；减少库存盘点时的人为失误率，提高存盘点的速度和准确性。

2. 产品跟踪领域

因为电子标签能够无接触的快速识别，在网络的支持下，可以实现对附有 RFID 标签物品的跟踪，并可清楚了解到物品的移动位置，

3. 供应链自动管理领域

可以设想，商场的货架部署了电子标签读写器，当货物减少时，系统会将缺货信息自动传递给仓库管理系统，并且系统会将缺货信息自动汇总并传递给生产厂家，那么电子标签自动读写和在网络中信息的传递功能将大大提高供应链的管理水平，通过这个过程降低库存，提高生产效率，从而提升企业的核心竞争力。

电子标签在零售商店中的应用包括电子标签货架、出入库管理、自动结算等各个方面。其中，沃尔玛公司是全球 RFID 电子标签最大的倡导者，现在沃尔玛的两个大的供货商惠普（HP）和宝洁（P&G）都已经在他们的产品大包装上开始使用电子标签。

4. 防伪领域

RFID 电子标签的应用并不是为防伪单独设计的，但是电子标签中的唯一编码、电子标签仿造的难度以及电子标签的自动探测的特点，都使电子标签具备了产品防伪和防盗的功能，在产品上使用电子标签，还可以起到品牌保护、防止生产和流通中盗窃的作用，可广泛应用于药品、品牌商品防伪、门禁、门票等身份识别领域。

5. 医疗卫生领域

RFID 技术在医疗卫生领域的应用包括对药品监控预防，对患者的持续护理、不间断监测、医疗记录的安全共享、医学设备的追踪、进行正确有效的医学配药，通过不断地改善数据显示和通信，还包括对患者的识别与定位功能，用来防止人为错误的发生。

第3章

RFID读写器与标签

3.1 RFID标签知识

3.1.1 射频电子标签

1. 射频电子标签概述

电子标签也称为射频标签、射频卡或应答器，是射频识别系统中存储数据和信息的电子装置，由耦合元件（天线）及芯片（包括控制模块和存储单元）组成，每个标签由唯一的电子标示码确定，附着在被标识的对象上，存储被识别对象的相关信息，其外形多种多样，卡片、纽扣、标签等多种样式。实际应用中，读写器非接触式的读取存储在标签中的数据，处理以后送给中央信息系统进行管理。其主要作用是存储相关的识别信息，并与读写器之间实现通信，在特定条件下还可以具备自毁功能，从而保证标签内的信息不会外泄。一般按供电方式可以分为有源、无源、半有源三类。

1）有源标签

内部装有电池，一般具有较远的阅读距离，其阅读距离最远甚至可以达到 24 m，不足之处是电池的寿命有限，在实际应用中需要不断进行维护并且有一定的失效率，其成本也就相对较高，一旦电池失效，标签即丧失功能，一般应用在对性能要求较高、读写距离要求较远的场合。

2）无源标签

内部没有电池，主要通过接收读写器发出的射频信号，将射频电磁波能量转化为直流电源提供给芯片工作，而标签通过负载切换或反向散射的方式与读写器实现通信。尽管在阅读距离等方面会受到一定的限制，但与有源标签相比，无源标签具有较为低廉的成本以及广泛的适应性，使其在物流、车辆管理、仓储管理、零售业等领域有着广泛的应用，其工作距离一般不会超过 10 m。

3）半有源标签

与有源标签类似，内部设有电池，通常情况下可以作为有源标签使用 10 年以上，在电池耗尽后可以继续作为无源电子标签使用，从而进一步降低成本，延长了标签的使用寿命，并节省了资源。有源工作条件下，其工作距离大于 10 m，在无源条件下，其距离为 3～5 m，其可以有效替代有源标签，成为 RFID 电子标签的一个新研究领域。

此外，标签还可以有很多其他不同的分类方法：按工作频率分为低频（LF）、高频（HF）和超高频（UHF）；按作用距离分为近耦合、疏耦合和遥耦合；按信息存储方式分为只读型和可读写型；按通信方式分为全双工、半双工和时序系统；按调制方式可分为负载调制、次载波调制、ASK 和数字调制等。

2. 电子标签的构成和工作原理

绝大多数射频识别系统是根据电感耦合的原理进行工作的，读写器在数据管理系统的控制下发送出一定频率的射频信号，当标签进入磁场时产生感应电流从而获得能量，并使用这些能量向读写器发送出自身的数据和信息，该信息被读写器接收并解码后送至中央信息管理系统行相关的处理，这一信息的收集和处理过程都是以无线射频通信方式进行的。

低频和中频主要适用于距离短、成本低的应用中，而高频系统则适用于识别距离长、读写数据速率快的场合。正常情况下，频率越高，读写的速度就越快，数据的传输效率就越高。根据射频识别系统的基本工作方式来划分，可分为全双工、半双工系统以及时序系统。在全双工和半双工系统中，由于与读写器发送的信号相比，标签的应答信号很微弱，所以必须使用合适的传输方法，将标签的应答信号和读写器的查询信号相区别。另外，在这两种系统中，从读写器到应答器的能量传输是连续的，与数据传输的方向无关。采用无源电子标签的 RFID 系统，每个被标记的物品都贴有一个无源标签。电子标签由射频和模拟部分、数字基带处理部分和存储器构成。

存储器存储着物品对应的唯一识别代码，其工作所需的能量及系统时钟均从读写器电磁场获取，标签本身不含有电源，其能量的获取和利用效率决定其识别、读写距离，故低功耗设计十分必要。

读写器到标签的数据传递方式一般为调幅键控（amplitude shift keying，ASK）频移键控（frequency shift keying，FSK）和相移键控（phase shift keying，PSK）；标签到读写器的数据传递方式一般分为负载调制和反向散射调制两种。

负载调制：其电感耦合属于一种变压器耦合，即作为初级线圈的读写器和作为次级线圈的标签之间的耦合。只要两者线圈之间的距离不大于 0.16（波长），并且标签处于发送天线的近场内，变压器耦合就是有效的。如果把谐振的标签（标签的固有谐振频率与读写器的发送频率相符合）放入读写器天线的交变磁场中，那么该标签就从磁场中获得能量。标签天线上负载电阻的接通和断开促使读写器天线上的电压发生变化，实现远距离标签对天线电压的振幅调制。如果人们通过数据控制负载电压的接通和断开，那么这些数据就能从标签传输到读写器，这种数据传输方式称为负载调制。但是读写器天线与标签天线之间的耦合很弱，读写器天线输入有用信号的电压波动在数量级上比它输出的电压小，因此很难检测出来。此时如果标签的附加电阻以很高的频率接通或者断开，那么在读写器的发送频率上会产生两条谱线，很容易检测到，这种新的基本频率称为负载波，这种调制称为负载波调制。

反向散射调制：电磁反向散射耦合方式一般应用于高频系统，对高频系统来说，随着频率的上升，信号的穿透性越来越差，而反射性却越来越明显。在高频电磁耦合的 RFID 系统中，当读写器发射的载频信号辐射到标签时，标签中的调制电路通过待传输的信号来控制电路是否与天线相匹配，以实现信号的幅度调制。当匹配时，读写器发射的信号被吸收；反之，信号被反射。

在时序法中读写器到标签的数据和能量传输与标签到读写器的数据传输在时间上是交错进行的。读写器的发送器交替工作，其电磁场周期性地断开或连通，这些间隔被标签识别出来，并被应用于标签到读写器的数据传输上。在读写器发送数据的间歇时刻，标签的能量供应中断，必须通过足够大的辅助电容进行能量的补偿。在充电过程中，标签的芯片切换到省电或备用模式，从而使接收到的能量几乎完全用于充电电容的充电。充电结束后，标签芯片上的振荡器被激活，其产生的弱交变磁场能被读写器所接收，当所有的数据发送完后，激活放电模式以使充电电容放电。

由于标签和读写器之间的数据传输经过无线空间传输信道，因此在射频技术的使用中容易遇上干扰，干扰带来的直接影响是通信过程的数据传输错误。当标签接收到的数据发生改变时可能导致如下的结果：标签错误地响应读写器的命令，造成工作状态混乱或错误地进入休眠状态。而当读写器接收到标签数据出错时，可能导致读写器不能正常识别标签或将一个标签判断为另一个标签。在 RFID 系统中，可以采用的抗干扰方法有数据校验和信道编码。

通过数据完整性校验方法，系统可以检验出受到干扰出错的数据，最常使用的校验方法是奇偶校验法、纵向冗余校验法和循环冗余码校验法等。奇偶校验法在数据传输前必须确定是采用偶数校验还是奇数校验，以保证发送器和接收器都采用同样的方法进行校验，其法简单且被广泛使用。纵向冗余校验法则主要用于快速校验很小的数据块。循环冗余码校验法虽然不能校正错误，但是它能够以很高的可靠性识别传输错误。另外可通过对数据的信道编码来提高数据传输过程中的抗干扰能力和对数据的纠错和检错能力。

在很多场合下，在读写器范围内存在多个待识别的标签，射频识别系统的一个优点就是读写器在很短时间内对多个标签进行识别。从读写器到标签的通信，类似于无线电广播方式，多个标签同时接收到同一个读写器发送的数据流，这种通信形式也被称为无线电广播；在读写器的作用范围内有多个标签同时向它发送数据，这种形式被称为多路存取。在后一种通信方式中，为了防止由于多个标签数据在读写器的接收机中相互干扰而不能准确读出，必须采用防碰撞方法来加以解决。

3.1.2 不同频段 RFID 技术特性简述

目前所定义的 RFID 产品常用工作频率有低频（LF）、高频（HF）和超高频（UHF）等。不同频段的 RFID 产品和系统会有不同的特性。

低频（工作频率为 125～135 kHz），RFID 技术首先是在低频得到广泛的应用和推广。该频率主要是通过电感耦合的方式进行工作，也就是在读写器线圈和感应器线圈间存在着变压器耦合作用。通过读写器交变场的作用在感应器天线中感应的电压被整流，可作供电电源供标签使用。磁场区域能够很好地被定义，但是场强下降得太快，所以读写距离受到影响。

低频 RFID 的特性有：

（1）工作在低频的感应器的一般工作频率为 125～135 kHz，该频段的波长大约为 2500 m。

（2）除了金属材料影响外，一般低频能够穿过任意材料的物品而不降低它的读取距离。因此传输特性较好。

（3）工作在低频的读写器在全球没有任何特殊的无线电许可限制。

（4）低频产品有不同的封装形式。好的封装形式虽然价格昂贵，但是具有 10 年以上的使用寿命或者能够在恶劣的环境中工作。

（5）虽然该频率的磁场区域下降很快，但是能够产生相对均匀的读写区域。

（6）相对于其他频段的 RFID 产品，该频段数据传输速率比较慢。

（7）低频感应器的价格相对于其他频段来说要贵。

基于以上特点，低频 RFID 的主要应用领域有：畜牧业的管理和动物标识系统；汽车防盗和无钥匙开门系统的应用；体育比赛计时系统的应用；自动停车场收费和车辆管理系统；自动加油系统的应用；门禁和安全管理系统。

主要符合的国际标准有：①ISO 11785 RFID；②ISO 14223-1；③ISO 14223-2 RFID；④ISO 18000-2。其中 ISO 18000-2 定义了低频的物理层、防冲撞和通信协议，主要是欧洲对垃圾管理应用定义的标准。

高频（工作频率为 13.56 MHz），在该频率工作的感应器不再需要线圈进行绕制，可以通过蚀刻印刷的方式制作天线。感应器一般通过负载调制的方式进行工作，也就是通过感应器上负载电阻的接通和断开促使读写器天线上的电压发生变化，实现用远距离感应器对天线电压进行振幅调制。如果人们通过数据控制负载电压的接通和断开，那么这些数据就能够从感应器传输到读写器。

高频 RFID 的主要特性有：

（1）工作频率为 13.56 MHz，该频率的波长大概为 22 m。

（2）除了金属材料外，该频率的波长可以穿过大多数的材料，但是往往会降低读取距离，感应器需要离开金属一段距离。

（3）该频段在全球都得到认可，并没有特殊的许可限制。

（4）感应器一般以电子标签的形式存在，方便使用。

（5）虽然该频率的磁场区域下降很快，但是能够产生相对均匀的读写区域。

（6）该系统具有防冲撞特性，可以同时读取多个电子标签。

（7）可以把某些数据信息写入标签中。

（8）数据传输速率比低频要快，价格较低廉。

基于以上特性，高频主要应用有：图书管理系统的应用；液化气钢瓶的管理应用；服装生产线和物流系统的管理和应用；酒店门锁的管理和应用；大型会议人员通道系统；固定资产的管理系统；医药物流系统的管理和应用；智能货架的管理。

符合的国际标准有：①ISO/IEC 14443，近耦合IC卡，最大的读取距离为10 cm；②ISO/IEC 15693，疏耦合IC卡，最大的读取距离为1 m；③ISO/IEC 18000-3，该标准定义了13.56 MHz系统的物理层，防冲撞算法和通信协议，13.56 MHz ISM Band Class 1定义13.56 MHz符合EPC的接口定义。

超高频（工作频率为860～960 MHz），超高频系统通过电场来传输能量。电场的能量下降得不是很快，但是读取的区域不是很好定义。该频段读取距离比较远，无源可达10 m左右，主要是通过电容耦合的方式进行实现。

因此该频段的RFID具有以下特性：

（1）在该频段，全球的定义不尽相同——欧洲和部分亚洲定义的频率为868 MHz，北美定义的频段为902～905 MHz，日本建议的频段为950～956 MHz。该频段的波长为30 cm左右。目前国内的频段没有明确的划分，相关国家标准还未出台，其中还包括对发射功率和其他相关指标、数据和传输接口等的定义。

（2）超高频频段的电磁波不能通过许多材料，特别是水、灰尘、雾等悬浮颗粒物质。相对于高频的电子标签来说，该频段的电子标签不需要和金属分开来。

（3）电子标签的天线一般是长条和标签状。天线有线性和圆极化两种设计，满足不同应用的需求。

（4）该频段有较好的读取距离，但是对读取区域很难进行定义，需要对天线布置进行配合。

（5）有很高的数据传输速率，在很短的时间可以读取大量的电子标签。

基于以上特性，超高频的主要应用有：供应链上的管理和应用；生产线自动化的管理和应用；航空包裹的管理和应用；集装箱的管理和应用；铁路包裹的管理和应用；后勤管理系统的应用。

符合的国际标准：①ISO/IEC 18000-6，定义了超高频的物理层和通信协议；空气接口定义了Type A和Type B两部分；支持可读和可写操作；②EPC Global定义了电子物品编码的结构和超高频的空气接口以及通信协议。例如，Class 0，Class 1，UHF Gen 2；③Ubiquitous ID，日本的组织，定义了UID编码结构和通信管理协议。

3.1.3 如何选择RFID系统的工作频率

射频识别是一种将数据存储在电子数据载体（例如集成电路）上，并通过磁场或电磁场以无线方式进行应答器/标签（transponder/tag）和询问器/读写器（interrogator/reader）之间双向通信，从而达到识别目的并交换数据的新兴技术。该技术能实现多目标识别和运动目标识别，具有抗恶劣环境、高准确性、安全性、灵活性和可扩展性等诸多优点；便于通过互联网实现物品跟踪和物流管理，因而受到广泛的关注。

RFID系统事实上已经存在和发展了几十年，从供电状态可以分为“有源”和“无源”两大类；从工作频率可以分为低频（125～135 kHz），高频（13.56 MHz），超高频（860～960 MHz），微波（2.45 GHz，5.8 GHz）等几大类。不同的射频识别系统的硬件价格差别巨大，而系统本身的特性也各不相同，系统的成熟度也有所不同。

1. 不同频率 RFID 标签的选择对比

1）低频

可以选择的频率范围为 10 kHz～1 MHz，常见的主要规格有 125 kHz～135 kHz（ISO 18000-2）。一般这个频段的电子标签都是被动式的，通过电感耦合方式进行能量供应和数据传输。低频的最大的优点在于其标签靠近金属或液体的物品上时标签受到的影响较小，同时低频系统非常成熟，读写设备的价格低廉。但缺点是读取距离短、无法同时进行多标签读取（抗冲突）以及信息量较低，一般的存储容量在 128～512 位。主要应用于门禁系统、动物芯片、汽车防盗器和玩具等。虽然低频系统成熟，读写设备价格低廉，但是由于其谐振频率低，标签需要制作电感值很大的绕线电感，并常常需要封装片外谐振电容，其标签的成本反而比其他频段高。

2）高频

可以选择的频率范围为 1～400 MHz，常见的主要规格为 13.56 MHz（ISO 18000-3）。此频段的标签还是以被动式为主，也是通过电感耦合方式进行能量供应和数据传输。这个频段中最大的应用就是我们所熟知的非接触式智能卡。和低频相比，其传输速度较快，通常在 100 kbps 以上，且可进行多标签辨识（各个国际标准都有成熟的抗冲突机制）。该频段的系统得益于非接触式智能卡的应用和普及，系统也比较成熟，读写设备的价格较低，产品最丰富，存储容量从 128 位到 8 K 以上字节都有，而且可以支持很高的安全特性，从最简单的写锁定，到流加密，甚至是加密协处理器都有集成。一般应用于身份识别、图书馆管理、产品管理等。安全性要求较高的 RFID 应用，目前该频段是唯一选择。

3）超高频

可以选择的频率范围为 400 MHz～1 GHz，常见的主要规格有 433 MHz、860～960 MHz（ISO 18000-6）。这个频段通过电磁波方式进行能量和信息的传输。主动式和被动式的应用在这个频段都很常见，被动式标签读取距离约 3～10 m，传输速率较快，一般也可以达到 100 kbps 左右，而且因为天线可采用蚀刻或印刷的方式制造，因此成本相对较低。由于读取距离较远、信息传输速率较快，而且可以同时进行大数量标签的读取与辨识，因此特别适用于物流和供应链管理等领域。但是，这个频段的缺点是在金属与液体的物品上的应用较不理想，同时系统还不成熟，读写设备的价格非常昂贵，应用和维护的成本也很高。此外，该频段的安全性特性一般，不适合安全性要求高的应用领域。

4）微波

可以选择的频率范围为 1 GHz 以上，常见的规格有 2.45 GHz（ISO 18000-4）与 5.8 GHz（ISO 18000-5）。微波频段的特性与应用和超高频段相似，读取距离约为 2 m，但是对于环境的敏感性较高。由于其频率高于超高频，标签的尺寸可以做得比超高频更小，但水对该频段信号的衰减比超高频更高，同时工作距离也比超高频更小。一般应用于行李追踪、物品管理、供应链管理等。

2. 根据应用选择合适频段的射频识别技术

从前面所述的各个频段的射频识别技术的特点中可以看出，不同的应用对识别的要求是有区别的，需要根据应用需求选择合适的射频识别技术。

第一，一个射频识别系统的成本，包含硬件成本、软件成本和集成成本等，而硬件成本不仅包括读写器和标签的成本，还包括安装成本，很多时候，应用和数据管理软件与集成是整个应用的主要成本。如果从成本出发，一定要考虑系统的整体成本，而不仅局限于硬件，例如标签的价格。这里，我们不进一步讨论和分析这部分的问题，但读者需要对此有一个了解和认识。

第二，即使是在同一个频段内的射频识别系统，其通信距离差异也是很大的。因为通信距离通常依赖于天线设计、读写器输出功率、标签芯片功耗和读写器接收灵敏度等。我们不能简单地认为某一个频段的射频识别系统的工作距离大于另一个频段的射频识别系统。

第三，虽然理想的射频识别系统是长距离、高传输速率和低功耗的。然而，现实的情况下这种理想的射频系统是不存在的，高的数据传输率只能在相对较近的距离下实现。反之，如果要提高通信距离，就需要降低数据传输率。所以我们如果要选用通信距离远的射频识别技术，就必须牺牲通信速率，选择频段的过程常常是一个折中的过程。

第四，除了考虑通信距离以外，在我们选择一个射频系统时，通常还要考虑存储器容量、安全特性等因素。根据这些应用需求，才能够确定适合的射频识别频段和解决方案。从现有的解决方案来看，超高频和微波射频识别系统的操作距离最大（可以达到 3～10 m），并具有较快的通信速率，但是为了降低标签芯片的功耗和复杂度，并不实现复杂的安全机制，仅限于写锁定和密码保护等简单安全机制。而且，该频段的电磁波能量在水中衰减严重，所以对于跟踪动物（体内含超过 50%的水）、含有液体的药品等是不合适的。低频和高频系统的读写距离较小，通常不超过 1 m。高频频段为技术成熟的非接触式智能卡采用，非接触式智能卡能够支持大的存储器容量和复杂的安全算法。如前所述，囿于通信速率和安全性需求，非接触式智能卡的工作距离一般在 10 cm 左右。高频频段中的 ISO 15693 规范通过降低通信速率使通信距离加大，通过大尺寸天线和大功率读写器，工作距离可以达到 1 m 以上。低频频段由于载波频率低，是高频的百分之一，甚至更低，因此通信速率最低，而且通常不支持多标签的读取。

3. 案例分析

1）*动物跟踪管理*

动物跟踪和管理传统上是采用低频频段的射频识别技术，并且有国际规范编码及空间信号接口，相应的国际规范分别为 ISO 11784 和 ISO 11785。由于高频和低频的射频识别技术各有优缺点，所以现在国际上关于动物跟踪管理的频段也存在着争议。

支持采用低频技术方案的理由主要有：

（1）如果采用单天线的解决方案，通常低频系统比高频系统的读写距离要大 20%～30%。因为低频系统的数据率低，所以标签芯片的功耗可以做到微瓦（μW）以下。

（2）虽然低频系统的数据传输速率低，但是由于其信号很强，在实际应用中读取效率并不低。

（3）低频系统可以穿透动物组织，是植入式的电子标签唯一的频率选择。

支持高频技术方案的理由主要有：

（1）国际标准 ISO 11784 的动物编码方式完全可以在高频和超高频频段的解决方案中实现，在应用和系统的层面看来并不存在区别。

（2）由于频率差异，低频标签需要绕制绕线电感来构成标签天线，制作标签的成本要高于高频标签。高频标签对于信用卡大小的尺寸来说，通常只需绕制三圈左右，而且可以采用低成本的印刷工艺，高频标签的整体成本更低，这一点是公认的事实。

（3）如果实现合理，高频系统也能够取得和低频系统相当的读写距离。而且高频读写器可以通过门式天线来控制作用范围，利于准确而快速地实现数据采集。

（4）完备的抗冲突机制，可以快速而准确地实现多目标读取。效率和准确性都要高于采用低频手持机进行数据采集。

（5）高频的频率使用已经成为全球统一的规范，采用高频系统在世界各地都不会面临兼容问题。

作者认为在家畜等不需植入 RFID 的动物跟踪管理中采用高频的技术方案更为合适。主要原因是基于系统的成本考虑。我国的农产品价格和利润空间都非常低，在家畜等动物跟踪管理中硬件的消耗成本主要来自于标签，从降低这部分成本的目的出发应该采用高频技术。同时，考虑到家畜养殖等生产单位通常不具备宽带连接电子标签上有可能不仅存放一个标号信息，也可能存放一定的相关数据，而高频解决方案中常见的存储空间可以达到 1 k 位以上。其次，目前我国主要的 RFID 基础设施是基于高频技术的，采用兼容的技术系统在安装成本和可靠性等方面都是有优势的。高频技术从芯片、标签封装、读写器、系统集成等环节来看，我国拥有上百家供应商，这一点是低频技术不能比拟的。另外，在生猪管理等应用中，并不需要植入式的电子标签，可以采用动物耳标的形式。当然，在动物跟踪管理中采用高频技术方案和传统的高频射频系统还是有所不同的，需要在降低环境对操作距离的影响、专用读写设备开发方面开展研发工作，使得高频的技术在操作距离和可靠性方面达到系统要求。

2）药品管理

相对价值较高的药品采用射频识别技术实现单品管理已经成为现实。美国食品和药品管理局（Food and Drug Administration，FDA）在 2007 年实现了对药品的单品全流程跟踪和管理，实现从原料到家庭药箱的全程管理。对于药品管理的单品管理而言，目前看来采用高频技术更具有综合优势，具体如下：

（1）高频和超高频都是通过电磁场实现能量和信号的传递，超高频是通过电场来进行能量和信号的传递，系统一般工作在远场，对于相距很近的单个物品，标签的失谐会造成标签（物品）的漏读。而高频系统是工作在近场范围内的（即电磁场仍然是束缚在系统内部的，并没有形成电磁波发射出去）能量和信号是通过磁场来进行的，对于系统内部的标签能够准确地进行识别（当然，作用距离仅在 1 m 以内），有更好的抗电磁干扰（electro magnetic interference，EMI）能力。

（2）液体和金属的影响。高频信号较超高频而言在水中的衰减小，更适合用在含有液体的容器上，而药品中有相当一部分是液体形态的。

（3）存储容量。高频标签的存储容量可以达到 8 K 字节，因此可以在标签上存储更多信息来实现“移动数据库”而不仅是一个电子号码。这在目前的超高频解决方案上还没有如此大容量的电子标签。

（4）高频 13.56 MHz 为国际通用的 ISM 频段，没有兼容性问题。而到目前为止，全球还不是所有的地区都有相应的射频识别标签频段可以使用超高频。我国的超高频频段就在制定过程中。

综上所述，各个频段的 RFID 技术各有自身的特点，即使是在同一个频段内的射频识别系统，其通信距离差异也是很大的。我们不能够简单地认为某一个频段的射频识别系统的工作距离大于另一个频段的射频识别系统。而在实际选择射频系统时，需要考虑一个 RFID 系统的整体成本，以及存储器容量、安全特性等因素，根据这些来综合选择合适的 RFID 频段。

3.2 RFID 读写器

无线射频识别技术是一种非接触式的自动识别技术，其基本原理是利用射频信号和空间耦合（电感或电磁耦合）或雷达反射的传输特性，实现对被识别物体的自动识别。

RFID 读写器（阅读器）通过天线与 RFID 电子标签进行无线通信，可以实现对标签识别码和内存数据的读出或写入操作。典型的 RFID 读写器包含有 RFID 射频模块（发送器和接收器）、控制单元以及读写器天线。

3.2.1 RFID 读写器的功能

RFID 读写器的主要功能就是配合天线一起对不同频段的 RFID 卡片进行读写，可应用于一卡通、移动支付、二代身份证、门禁考勤、图书管理系统、服装生产线和物流系统、酒店安保系统、大型会议人员通道系统、固定资产的管理系统、医药管理、智能货架的管理、贵重物品管理、产品防伪等。

RFID 系列读写器/模块可以完成对符合 ISO 15693 标准的卡片的所有读写操作，其操作由连接的主控系统发出的读写命令控制完成，具体可以完成如下功能：①模块操作，连接模块，读取模块号；②卡片呼叫，防冲突处理，读取卡片序列；③卡片静止，使卡片处于静止状态；④读取卡片系统信息；⑤选择卡片；⑥复位卡片；⑦读取卡片数据；⑧写卡片数据；⑨锁定卡片数据；⑩写卡片的 AFI；⑪ 锁定卡片的 AFI；⑫ 写卡片的 DSFID；⑬ 锁定卡片的 DSFID；⑭ 读取卡片的“写锁定”位信息。

3.2.2 RFID 读写器的工作原理

射频识别系统中，电子标签又称为射频标签、应答器、数据载体；阅读器又称为读出装置、扫描器、通信器、读写器（取决于电子标签是否可以无线改写数据）。电子标签与读写器之间通过耦合元件实现射频信号的空间（无接触）耦合。在耦合通道内，二者根据时序关系，实现能量的传递、数据的交换。

发生在读写器和电子标签之间的射频信号的耦合类型有两种。

（1）电感耦合：变压器模型，通过空间高频交变磁场实现耦合，依据的是电磁感应定律；

（2）电磁反向散射耦合：雷达原理模型，发射出去的电磁波，碰到目标后反射，同时携带回目标信息，依据的是电磁波的空间传播规律。

3.2.3 读写器系统的组成

1. 读写器的软件系统

读写器的所有行为均由软件控制完成。软件向读写器发出读写命令，作为响应，读写器与电子标签之间就会建立起特定的通信。

读写器的软件已由生产厂家在产品出厂时固化在读写器中。软件负责对接收到的指令进行响应，并对电子标签发出相应的动作指令。软件负责系统的控制和通信，包括控制天线发射的开关、控制读写器的工作模式、控制数据传输和命令交换。

2. 读写器的硬件系统

读写器的硬件一般由天线、射频模块、控制模块和接口组成，如图 3.1 所示。控制模块是读写器的核心，一般由专用集成电路（application specific integrated circuit，ASIC）组件和微处理器组成。控制模块处理的信号通过射频模块传送给读写器天线，由读写器天线发射出去。控制模块与应用软件之间的数据交换，主要通过读写器的接口来完成。

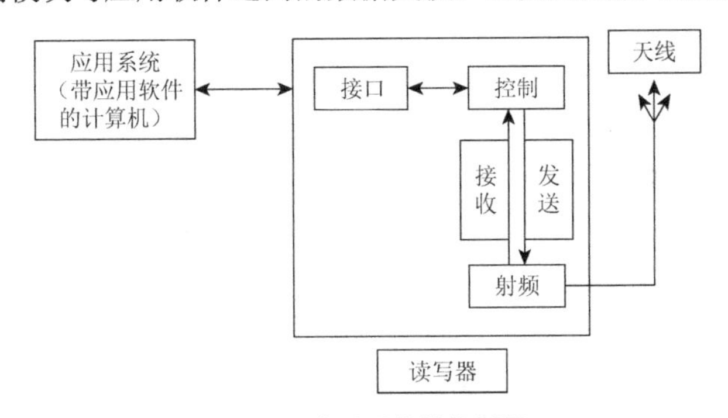

图 3.1　读写器的结构框图

3.2.4 读写器的分类

按接触方式分为接触式读写器、非接触式读写器、单界面读写器和双界面读写器以及多卡座接触式读写器。

按接口分为并口读写器、串口读写器、USB 读写器、PCMICA 卡读写器和 IEEE 1394 读写器。前两种读写器由于接口速度慢或者安装不方便已经基本被淘汰。USB 读写器是目前市场上最流行的读写器。

按射频频率分为低频读写器、高频读写器、超高频读写器、双频读写器、433 MHz 有源读写器、微波有源读写器等。

3.2.5 读写器的选择

RFID 读写器作为应用系统中必不可少的一部分，其选型正确与否将关系到项目能否顺利实施和实施成本；在读写器选用方面最好经过严密的流程才能保证项目的成功。一般需要注意以下几点：

（1）需要关注读写器设备的频率范围，看其是否满足项目使用地的频率规范。

（2）了解读写器的最大发射功率和配套选型的天线是否辐射超标。

（3）看读写器具备的天线端口数量，根据应用是否需要多接口的读写器。

（4）通信接口是否满足项目的需求。

（5）了解读距和防碰撞指标，读距指标要明确在什么天线和标签下测试的，防碰撞指标要明确什么标签在什么排列方式下多长时间内全部读完。

（6）一个 RFID 应用系统除了和读写器有关外，还和标签、天线、被贴标物品材质、被贴标物品运动速度、周围环境等相关，在确定设备前最好能模拟现场情况进行测试和验证，确保产品真的能满足应用需求。

（7）模拟情况下连续测试设备的稳定性，确保能长时间的稳定工作。

（8）明确开发资料是否符合系统开发需求，最好支持所使用的系统，最好还有相关案例，如果不支持，开发时间会很长，甚至无法完成。

3.3 读写器与标签的天线技术

3.3.1 读写器天线设计技术

对于近距离 13.56 MHz 的 RFID 应用（＜10 cm），例如门禁系统，天线一般和读写器集成在一起，对于远距离 13.56 MHz（10 cm～1 m）或者 UHF 频段（＜3 m）的 RFID 系统，天线和读写器采取分离式结构，并通过阻抗匹配的同轴电缆连接到一起。由于读写器结构、安装和使用环境等变化多样，并且读写器产品朝着小型化甚至超小型化发展，天线设计面临新的挑战。

读写器天线设计要求低剖面、小型化以及多频段覆盖。对于分离式读写器，还将涉及天线阵的设计问题。目前一些机构已经开始研究读写器应用的智能波束扫描天线阵，读写器可以按照一定的处理顺序“智能”的打开和关闭不同的天线，使系统能够感知不同天线覆盖区域的标签，增大系统覆盖范围。

3.3.2 读写器天线制造技术

读写器有三种天线制造技术：蚀刻/冲压天线（etched/punched antenna）、印刷天线（printed antenna）和绕线式天线（wound wire antenna）。

目前都采用蚀刻/冲压天线，其材料一般为铝或者铜，因为其能给标签上的芯片提供最大可能的信号，并且在标签的方向性和天线的极化等特性上都能与读写器的询问信号相匹配，同时在天线的阻抗，应用到物品上的射频的性能，以及在有其他的物品围绕贴标签物品时的射频性能等方面都有很好的表现，但它唯一的缺点就是成本太高。

导电油墨从只用丝网印刷扩展到胶印、柔性版印刷、凹印，其技术的进步，促进了 RFID 标签的生产和使用。现在随着新型导电油墨的不断开发，印刷天线的优势越来越突出。导电油墨是由细微导电粒子或其他特殊材料（例如导电的聚合物等）组成，印刷到承印物上后，起到导线、天线和电阻的作用。这种油墨印刷在柔性或硬质承印物上可制成印刷电路，用导电油墨印制的天线可接收 RFID 专用的无线电信号，其优势是导电效果出色和成本降低。

在频率较低的标签中，通常采用线圈天线形式；频率较高的标签通常为印刷贴片天线形式，其印刷工艺是在纸板、聚酯、聚苯乙烯等材料上用金属、聚合物等导电墨水（主要成分为银和铝等金属）印刷出天线图形。印刷贴片天线技术已经成功应用，但设备价格昂贵，而且在印刷技术的印刷分辨率、套准精度、必要的隔离层和干净的印刷环境上还有待实质性的改善和提高。

3.3.3 RFID 标签天线设计

天线的目标是传输最大的能量进出标签芯片，这需要仔细的设计天线和自由空间以及其相连的标签芯片的匹配，当工作频率增加到微波区域的时候，天线与标签芯片之间的匹配问题变得更加严峻。一直以来，标签天线的开发基于的是 50 Ω 或者 75 Ω 输入阻抗，而在 RFID 应用中，芯片的输入阻抗可能是任意值，并且很难在工作状态下准确测试，缺少准确的参数，天线的设计难以达到最佳。相应的小尺寸以及低成本等要求也对天线的设计带来挑战，天线的设计面临许多难题。

标签天线特性受所标识物体的形状及物理特性影响，标签到贴标签物体的距离，贴标签物体的介电常数，金属表面的反射，局部结构对辐射模式的影响等都将影响天线的性能。

第4章 RFID系统中的数据表示

4.1 物联网与产品电子代码

4.1.1 物联网与产品电子代码的关系

提到物联网就必然要与产品电子代码（EPC）和射频识别这两个概念联系在一起，我们做一个简单的比较。

先说EPC。EPC的英文是electronic product code，直接翻译过来就是"电子产品代码"，在中文中容易产生误解。在2003年12月我国第一届EPC联席会议上确认，将EPC翻译成"产品电子代码"。它的特点是强调适用于对每一件物品都进行编码的通用的编码方案，这种编码方案仅涉及对物品的标识，不涉及物品的任何特性，每一件物品的EPC代码在物联网中所起到的就相当于一个索引的作用。关于EPC编码理论以及如何实施EPC，是本书的重点内容。

再说物联网。对物联网的理解是不断深入的过程，最开始的理解是把任何东西都搬到物联网上，通过EPC的概念，相当于在物联网上为每一件产品建立档案。物联网的特点是什么呢？是基于互联网的平台，能够查询全球范围内每一件物品信息的网络平台，物联网的索引就是EPC代码。物联网由几个部分组成：一是编码，标识的功能；二是中间件，管理的功能；三是ONS，是寻址的功能；还有EPS信息服务（EPC information services，EPCIS），即存储的功能。

最后说说RFID。EPC这个概念能不能付诸实施，最底层靠的就是RFID系统，它的基本组成部分包括电子标签和读写器，从理论上来说，EPC代码可以用射频识别的方式来实现，也可以不用它来实现，它是一个代码，选择射频识别的方式作为一种载体。EPC标签就是一种电子标签，或者把它称为射频标签。从概念上来说，EPC相当于物联网的内核，EPC代码通过物联网进行电子数据交换，以RFID标签作为载体，随着实物在现实社会中流通。通过物联网会产生巨大的社会效益和经济效益，任何东西都在物联网上，每个物品都有唯一的EPC代码，这样就可以通过物联网查到其档案的情况，防伪和一系列的问题都得到了解决。

RFID 技术并不是唯一为 EPC 和物联网服务的，RFID 技术可以追溯出 50 年的发展历史，EPC 则追溯到 1998 年。物联网工作的一个基本模型可以通过案例这样描述：我们将 EPC 标签（RFID）放到一本书上，这本书通过读写器把 EPC 标签里面的信息采集进来，读写器和计算机网络连接起来，通过中间件送到物联网中，存到 EPCIS 服务器中，再通过一个中间件就可以实现对一件物品的其他信息的查询。我们在采集一件物品信息的时候，可以把采集的地点作为相关信息，同时采集进来。

在网联网中，物体和物体“沟通”也需要一个标准。物联网现在还有一些瓶颈问题亟待解决，其中之一就是技术标准。标准就好比一种交流规则，如同说话的通用语言，如果标准不一样，物体和物体间沟通不了，物联网的建设就会面临巨大的困难。目前欧美国家都想尽早推出自己的标准，谁定了国际标准，谁就掌握了市场主动权，可以向全世界推销符合标准的技术设备。

物联网的标准体系一定要达到全球通用。目前，已经在制订 EPC 编码标准，要考虑将许多已在实施应用的编码都归纳在一起，兼容起来，所以这已经不是简简单单的一个编码的问题，而是一个编码体系的问题，这也是本书的重点。

当有了明确的目标和实现目标的现实方法，就会发现物联网离我们并不遥远了。EPC 为我们提供了一个非常合理的平台，它并不是摒弃当前的标准，而是充分考虑如何将当前应用的编码方法与标准整合进去。

从一维条码到 EPC 将会是一个较长的过程，是一个逐步过渡和逐步实现的过程。在这个过程中，可以根据现有的技术条件和社会经济条件，结合被管理的 EPC 实体对象的具体情况，结合它的使用特点来选择合适的信息载体。譬如，单件物品如果本身价值不高，可采用二维码标识；对较贵重物品或需同时识读的物品则采用射频技术和二维码同时标识；货运单元或多个目标需要同时识读的，就采用可远距离识读的电子标签等。我们需要做的是对它们编码的规则进行规范和统一。

4.1.2 EPC 的定义

EPC 系统是在计算机互联网的基础上，利用射频识别、无线数据通信等技术，构造的一个覆盖世界上万事万物的实物互联网，旨在提高现代物流、供应链管理水平，降低成本，被誉为是一项具有革命性意义的现代物流信息管理新技术。

EPC 概念的提出源于射频识别技术和计算机网络技术的发展。射频识别技术的优点在于可以以无接触的方式实现远距离、多标签甚至在快速移动的状态下进行自动识别。计算机网络技术的发展，尤其是互联网技术的发展使得全球信息传递的即时性得到了基本保证。在此基础上，人们开始将这两项技术结合起来应用于物品标识和供应链的自动追踪管理，由此诞生了 EPC。

人们设想为世界上的每一件物品都赋予一个唯一的编号，EPC 标签即是这一编号的载体。当 EPC 标签贴在物品上或内嵌在物品中的时候，即将该物品与 EPC 标签中的唯一编号（标准说法是“产品电子代码”或“EPC 代码”）建立起了一对一的对应关系。

EPC 标签从本质上来说是一个电子标签，通过射频识别系统的电子标签读写器可以实现对 EPC 标签内存信息的读取。读写器获取的 EPC 标签信息送入互联网 EPC 体系中的

EPCIS 后，即实现了对物品信息的采集和追踪。进一步利用 EPC 体系中的网络中间件等，可实现对所采集的 EPC 标签信息的利用。

可以预想：未来的每一件物品上都安装了 EPC 标签，在物品经过的所有路径上都安装了 EPC 标签读写器，读写器获取的 EPC 标签信息源源不断地汇入互联网 EPC 系统的 EPCIS 中。

为了实现这个目标，EPC 系统需要具备以下特征：

（1）EPC 标签无所不在，数量巨大，一次赋予物品，伴随物品终生。

（2）EPC 标签读写器广泛分布，但数量远少于 EPC 标签，主要进行数据采集。

（3）EPC 标签与读写器遵循尽可能统一的国际标准，以最大限度的满足兼容性和低成本要求。

4.1.3 EPC 的产生

1. 条码

20 世纪 70 年代开始大规模应用的商品条码（bar code for commodity）现在已经深入到日常生活的每个角落，以商品条码为核心的 EAN・UCC 全球统一标识系统，已成为全球通用的商务语言。目前已有 140 多个国家和地区的 120 多万家企业和公司加入了 EAN・UCC 系统，上千万种商品应用了条码标识。EAN・UCC 系统在全球的推广加快了全球流通领域信息化、现代物流及电子商务的发展进程，提升了整个供应链的效率，为全球经济及信息化的发展起到了举足轻重的推动作用。

商品条码的编码体系是对每一种商品项目的唯一编码，信息编码的载体是条码，随着市场的发展，传统的商品条码逐渐显现出来一些不足之处。

首先，从 EAN・UCC 系统编码体系的角度来讲，主要以全球贸易项目代码（global trade ifem number，GTIN）体系为主。而 GTIN 体系是对一族产品的服务，即所谓的“贸易项目”，在买卖、运输、仓储、零售与贸易运输结算过程中提供唯一标识。虽然 GTIN 标准在产品识别领域得到了广泛应用，却无法做到对单个商品的全球唯一标识，而新一代的 EPC 编码则因为编码容量的极度扩展，能够从根本上革命性地解决这一问题。

其次，虽然条码技术是 EAN・UCC 系统的主要数据载体技术，并已成为识别产品的主要手段，但条码技术存在如下缺点：

（1）条码是可视的数据载体。读写器必须“看见”条码才能读取它，必须将读写器对准条码才有效。相反，无线电频率识别并不需要可视传输技术，RFID 标签只要在读写器的读取范围内就能进行数据识读。

（2）如果印有条码的横条被撕裂、污损或脱落，就无法扫描这些商品，而 RFID 标签只要与读写器保持在既定的识读距离之内，就能进行数据识读。

（3）现实生活中对某些商品进行唯一的标识越来越重要，例如食品、危险品和贵重物品的追溯。由于条码主要是识别制造商和产品类别，而不是具体的单个商品，相同牛奶纸盒上的条码都一样，辨别哪盒牛奶先过期就比较困难。

随着网络技术和信息技术的飞速发展以及射频技术的日趋成熟，EPC 系统的产生为供应链提供了前所未有的、近乎完美的解决方案。

2. 射频识别

射频识别技术是一种非接触式自动识别技术，其基本原理是利用射频信号及其空间耦合和传输特性，实现对静止或移动物体的自动识别。射频识别的信息载体是射频标签，有卡、纽扣、标签等多种形式。射频标签贴在产品或安装在产品和物品上，由射频读写器读取存储于标签中的数据。RFID 可以用来追踪和管理几乎所有的物理对象。因此，越来越多零售商和制造商都在关心和支持这项技术的发展与应用。

采用 RFID 最大的好处是可以对企业的供应链进行高效管理，以有效地降低成本。因此对于供应链管理应用而言，射频技术是一项非常适合的技术，但由于标准不统一等原因，该技术在市场中并未得到大规模的应用，因此，为了获得期望的效果，用户迫切要求开放标准。

3. EPC

针对 RFID 技术的优势及其可能给供应链管理带来的效益，国际物品编码协会 EAN • UCC 早在 1996 年就开始与国际标准组织 ISO 协同合作，陆续开发了无线接口通信等相关标准，RFID 的开发、生产及产品销售乃至系统应用有了可遵循的标准，对于 RFID 制造者及系统方案提供商而言也是一个重要的技术标准。

1999 年麻省理工学院成立 Auto-ID Center，致力于自动识别技术的开发和研究。Auto-ID Center 在美国统一代码委员会（UCC）的支持下，将 RFID 技术与 internet 网结合，提出了产品电子代码（EPC）概念。国际物品编码协会与美国统一代码委员会将全球统一标识编码体系植入 EPC 概念当中，从而使 EPC 纳入全球统一标识系统。世界著名研究性大学——英国剑桥大学、澳大利亚的阿德雷德大学、日本应庆义塾大学、瑞士的圣加仑大学、上海复旦大学、韩国信息通信大学相继加入并参与 EPC 的研发工作。该项工作还得到了可口可乐、吉利、强生、辉瑞、宝洁、联合利华、UPS、沃尔玛等 100 多家国际大公司的支持，其研究成果已在一些公司中试用，例如宝洁公司、Tesco 等。

2003 年 11 月 1 日，国际物品编码协会（EAN • UCC）正式接管了 EPC 在全球的推广应用工作，成立了 EPC Global，负责管理和实施全球的 EPC 工作。EPC Global 授权 EAN • UCC 在各国的编码组织成员负责本国的 EPC 工作，各国编码组织的主要职责是管理 EPC 注册和标准化工作，在当地推广 EPC 系统和提供技术支持以及培训 EPC 系统用户。在我国，EPC Global 授权中国物品编码中心作为唯一代表负责我国 EPC 系统的注册管理、维护及推广应用工作。同时，EPC Global 于 2003 年 11 月 1 日将 Auto-ID 中心更名为 Auto-ID lab，为 EPC Global 提供技术支持。

EPC Global 的成立为 EPC 系统在全球的推广应用提供了有力的组织保障。EPC Global 旨在改变整个世界，搭建一个可以自动识别任何地方、任何事物的开放性的全球网络，即 EPC 系统，可以形象地称为“物联网”。在物联网的构想中，RFID 标签中存储的 EPC 代码，通过无线数据通信网络把它们自动采集到中央信息系统，实现对物品的识别，进而通过开放的计算机网络实现信息交换和共享，实现对物品的透明化管理。

4.1.4 EPC 系统的构成

EPC 系统是一个先进的、综合的、复杂的系统，其最终目标是为每一单品建立全球的、开放的标识标准。它由全球产品电子代码体系、射频识别系统及信息网络系统三部分组成，如表 4.1 和图 4.1 所示。

表 4.1　EPC 系统的构成表

系统构成	名称	注释
EPC 的编码体系	EPC 编码标准	识别目标的特定代码
射频识别系统	EPC 标签	贴在物品之上或者内嵌在物品之中
	读写器	识读 EPC 标签
信息网络系统	EPC 中间件	EPC 系统的软件支持系统
	对象名称解析服务（object naming service，ONS）	进行物品解析
	EPC 信息服务（EPCIS）	提供产品相关信息接口，采用可扩展标记语言（XML）进行信息描述

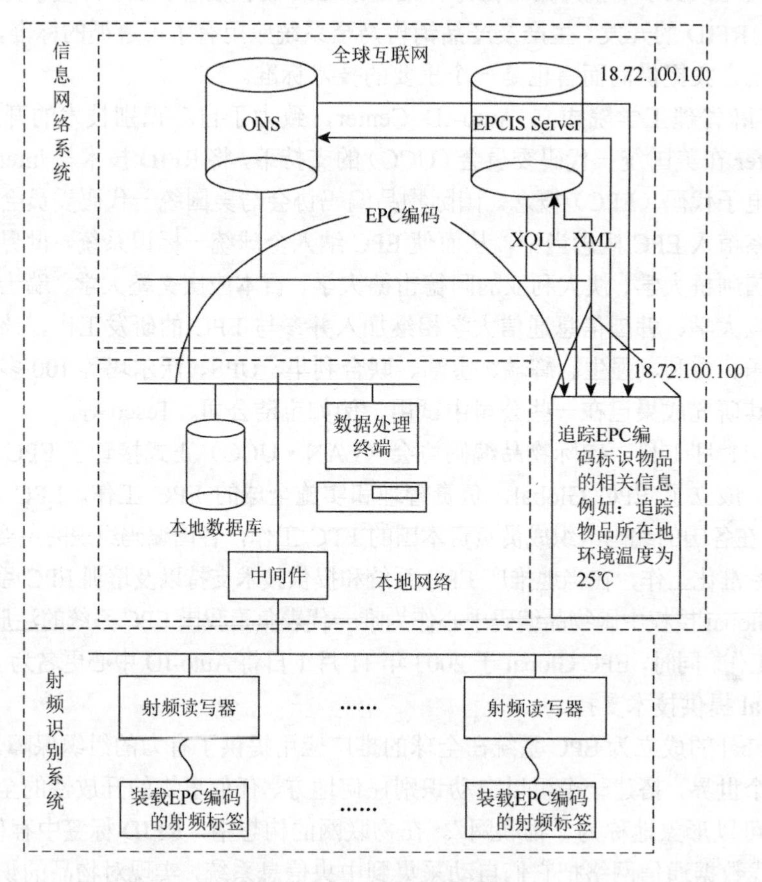

图 4.1　EPC 系统的构成图

1. EPC 编码体系

全球产品电子代码 EPC 编码体系是新一代的与 GTIN 兼容的编码标准，它是全球统一标识系统的拓展和延伸，是全球统一标识系统的重要组成部分，是 EPC 系统的核心与关键。

EPC 代码是由标头、管理者代码、对象分类代码、序列号等数据字段组成的一组数字。具体结构见表 4.2，具有以下特性：

表 4.2　EPC 编码结构

96 位 EPC 代码	标头	管理者代码	对象分类代码	序列号
	8	28	24	36

（1）科学性：结构明确，易于使用、维护。

（2）兼容性：兼容了其他贸易流通过程的标识代码。

（3）全面性：可在贸易结算、单品跟踪等各环节全面应用。

（4）合理性：由 GS1、各国编码组织（我国是中国物品编码中心）、标识物品的管理者分段管理、共同维护、统一应用，具有合理性。

（5）国际性：不以具体国家、企业为核心，编码标准全球协调一致，具有国际性。

（6）无歧视性：编码采用全数字形式，不受地方色彩、语言、经济水平、政治观点的限制，是无歧视性的编码。

EPC 编码标准与目前广泛应用的 EAN • UCC 编码标准是兼容的，GTIN 是 EPC 编码结构中的重要组成部分，目前广泛使用的 GTIN、货运包装箱代码（serial shipping container code barcode，SSCC）、全球定位码（global location number，GLN）、全球可回收资产标识（global returnable asset identifier，GRAI）等都可以顺利转换到 EPC 中去。最初由于成本的原因，EPC 采用 64 位编码结构，当前最常用的 EPC 编码标准采用的是 96 位数据结构。

2. EPC 射频识别系统

EPC 射频识别系统是实现 EPC 代码自动采集的功能模块，由射频标签和射频读写器组成。射频标签是产品电子代码的载体，附着于可跟踪的物品上，在全球流通。射频读写器与信息系统相连，是读取标签中的 EPC 代码并将其输入网络信息系统的设备。EPC 系统射频标签与射频读写器之间利用无线感应方式进行信息交换。具有以下特点：

（1）非接触识别。

（2）可以识别快速移动物品。

（3）可同时识别多个物品等。

EPC 射频识别系统为数据采集最大限度地降低了人工干预，实现了完全自动化，是“物联网”形成的重要环节。

1）EPC 标签

EPC 标签是产品电子代码的信息载体，主要由天线和芯片组成。

EPC 标签中存储的唯一信息是 96 位或者 64 位产品电子代码。为了减低成本，EPC 标签通常是被动式射频标签。

EPC 标签根据其功能级别的不同分为 5 类，目前广泛开展的 EPC 应用中使用的是 Class1 Gen2。

2）读写器

读写器是用来识别 EPC 标签的电子装置，与信息系统相连实现数据的交换。读写器使用多种方式与 EPC 标签交换信息，近距离读取被动标签最长用的方法是电感耦合方式。只要靠近，盘绕读写器的天线与盘绕标签的天线之间就形成了一个磁场。标签就利用这个磁场发送电磁波给读写器，返回的电磁波被转换为数据信息，也就是标签中包含的 EPC 代码。

读写器的基本任务就是激活标签，与标签建立通信并且在应用软件的标签之间传送数据。EPC 读写器和网络之间不需要 PC 作为过渡，所有的读写器之间的数据交换直接可以通过一个对等的网络服务器进行。

读写器的软件提供了网络连接能力，包括 web 设置、动态更新、TCP/IP 读写器界面、内建兼容 SQL 的数据库引擎。

当前 EPC 系统尚处于测试阶段，EPC 识读写器技术也还在发展完善之中。Auto-ID labs 提出的 EPC 读写器工作频率为 860～960 MHz。

3. EPC 信息网络系统

EPC 信息网络系统由本地网络和全球互联网组成，是实现信息管理、信息流通的功能模块。EPC 系统的信息网络系统是在全球互联网的基础上，通过 EPC 中间件以及对象名称解析服务（ONS）和可扩展标记语言（XML）实现全球“实物互联”。

1）EPC 中间件

EPC 中间件是加工和处理来自读写器的所有信息和事件流的软件，是连接读写器和企业应用程序的纽带，主要任务是在将数据送往企业应用程序之前进行标签数据校对、读写器协调、数据传送、数据存储和任务管理。

2）对象名称解析服务（ONS）

对象名称解析服务（ONS）是一个自动的网络服务系统，类似于域名解析服务（DNS），ONS 给 EPC 中间件指明了存储产品的有关信息的服务器。

ONS 服务是联系 EPC 中间件和后台 EPCIS 服务器的网络枢纽，并且 ONS 设计与架构都以因特网域名解析服务 DNS 为基础，因此，可以使整个 EPC 网络以因特网为依托，迅速架构并顺利延伸到世界各地。

3）可扩展标记语言（XML）

XML 即可扩展标记语言，它与 HTML 一样，都是标准通用标记语言（standard generalized markup language，SGML）。XML 是 internet 环境中跨平台的，依赖于内容的技术，是当前处理结构化文档信息的有力工具。XML 是一种简单的数据存储语言，使用一系列简单的标记描述数据，XML 已经成为数据交换的公共语言。

在 EPC 系统中，XML 用于描述有关产品、过程和环境信息，供工业和商业中的软件开发、数据存储和分析工具之用。它将提供一种动态的环境，使与物体相关的静态的、暂时的、动态的和统计加工过的数据可以互相交换。

EPC 系统使用 XML 的目标是为物理实体的远程监控和环境监控提供一种简单、通用的描述语言，可广泛应用在存货跟踪、自动处理事务、供应链管理、机器控制和物对物通信等方面。

XML 文件的数据将被存储在一个数据服务器上，企业需要配置一个专用的计算机，为其他计算机提供它们需要的文件。数据服务器将由制造商维护，并且储存这个制造商生产的所有商品的信息文件。在最新的 EPC 规范中，这个数据服务器被称为 EPCIS 服务器。

4）EPC 信息服务（EPCIS）

EPCIS 是 EPC 网络中重要的一部分，利用单一标准的采集和分享信息的方式，为 EPC 数据提供一套标准的接口，各个行业和组织可以灵活应用。EPCIS 标准构架在全球互联网的基础上，支持强大的商业用例和客户利益，例如包裹追踪、产品鉴定、促销管理、行李追踪等。

EPCIS 针对中间件传递的数据进行 EPCIS 标准的转换，通过认证或授权等安全方式与企业内的其他系统或外部系统进行数据交换，符合权限的请求方也可以通过 ONS 的定位向目标 EPCIS 进行查询。所以，能否构建真正开环的 EPC 网络，实现各厂商的 EPC 系统的互联互通，EPCIS 起决定性作用。

具体来讲，EPCIS 标准主要定义了一个数据模型和两个接口。EPCIS 数据模型用一个标准的方法来表示实体对象的可视信息，涵盖了对象的 EPC 代码、时间、商业步骤、状态、识读点、交易信息和其他相关附加信息（可概括为“何物”“何地”“何时”“何因”）。随着现实中实体对象状态、位置等属性的改变（称为“事件”），EPCIS 事件采集接口负责生成如上述模型的对象信息。EPCIS 查询接口为内部和外部系统提供了向数据库查询有关实体 EPC 相关信息的方法。

EPCIS 服务器通过发送 XML 文件与其他计算机或信息系统交换商品的信息文件。

4.1.5 EPC 系统的特点

EPC 系统以其独特的构想和技术特点赢得了广泛的关注。其特点如下：

（1）开放性。EPC 系统采用全球最大的公用 internet 网络系统，避免了系统的复杂性，大大降低了系统的成本，并有利于系统的增值。梅特卡夫（Metcalfe）定律表明，一个网络开放的结构体系远比复杂的多重结构更有价值。

（2）通用性。EPC 系统可以识别十分广泛的实体对象。EPC 系统网络是建立在 internet 网络系统上，并且可以与 internet 网络所有可能的组成部分协同工作，具有独立平台，且在不同地区、不同国家的射频识别技术标准不同的情况下具有通用性。

（3）可扩展性。EPC 系统是一个灵活的、开放的、可持续发展的体系，在不替换原有体系的情况下就可以做到系统升级。

EPC 系统是一个全球系统，供应链各个环节、各个节点、各个方面都可受益，但对低价值的产品来说，要考虑 EPC 系统引起的附加成本。目前，全球正在通过 EPC 本身技术的进步，进一步降低成本，同时通过系统的整体改进使供应链管理得到更好的应用，提高效益，以降低或抵消附加成本。

4.1.6 EPC 系统的工作流程

在由 EPC 标签、读写器、EPC 中间件、internet、ONS 服务器、EPCIS 服务器以及众多数据库组成的实物互联网中，读写器读出的EPC代码只是一个信息参考（指针），由这个信息参考从internet找到IP地址获取该地址中存放的相关的物品信息，并采用分布式的EPC中间件处理由读写器读取的一连串EPC信息。由于在标签上只有一个EPC代码，计算机需要知道与该EPC匹配的其他信息，这就需要ONS来提供一种自动化的网络数据库服务，EPC中间件将EPC传给ONS，ONS指示EPC中间件到一个保存着产品文件的EPCIS服务器中查找，该产品文件可由EPC中间件复制，因而文件中的产品信息就能传到供应链上，EPC系统的工作流程如图4.2所示。

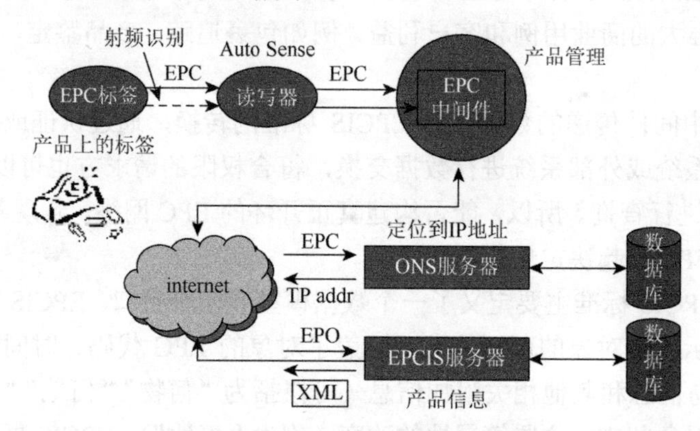

图4.2　EPC系统工作流程示意图

4.2　射频通信中的信号编码

由于在射频识别的过程中，传输的是模拟的射频信号，识别的是数字信号表示的数据，因此，在RFID系统中，存在着数字信号与模拟信号的相互转换，以及数据的数字信号表示等过程。

4.2.1　模拟信号数字化的转换过程

模拟信号数字化的转换过程可包括采样、量化和编码三个步骤如图4.3所示。

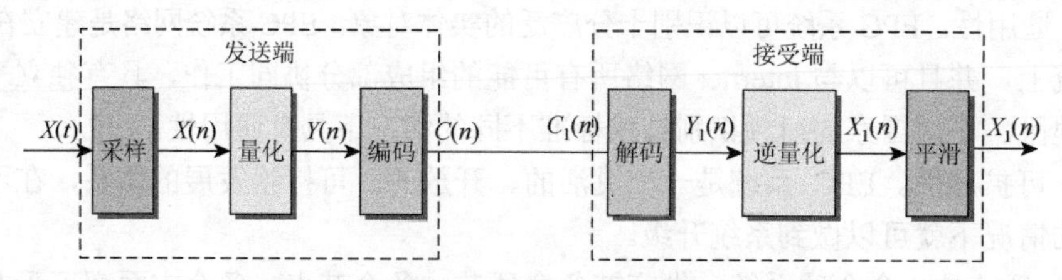

图4.3　脉冲编码调制（PCM）的原理

（1）采样：每个固定的时间间隔，取出模拟数据的瞬时值，作为本次抽样到下次抽样之间该模拟数据的代表值。$X(n)$就是采样处理后的脉冲调幅信号。

（2）量化：把抽样取得的电平幅值按照一定的分级标度转换成对应的数字值，并取整数，这样把连续的电平幅值转换成离散的数字$Y(n)$。

（3）编码：它是将量化后的整数值表示为一定位数的二进制数$C(n)$。

在发送端，经过信号数字化过程后，就可把模拟信号转换成二进制数码脉冲序列，然后经过信道进行传输。在接收端，将接收到的信号 $C_1(n)$解码成 $Y_1(n)$，再通过逆量化获得信号 $X_1(n)$，最后平滑之后的信号 $X_1(t)$就是还原的模拟信号。$X_1(t)$与 $X(t)$之差就是量化的误差。

根据原信号的频宽，可以估算出采样的速度。如果声音数据限于 4000 Hz 以下的频率，那么 8000 次/s 的采样可以满足完整地表示声音信号的特征。使用 7 位二进制表示采样值，就允许有 128 个量化级，这就意味着，仅仅是声音信号就需要有 8000 次/s 采样乘以每次采样 7 位 56 000 bps 的数据传输速率。

以上是模拟数据，例如，声音经过 PCM（pulse code modulation，脉冲编码调制）编码后成数字信号，就可以采用数字传输方式进行传输了。另外，计算机中的数字数据经过适当的编码后可直接采用数字传输方式传输，这样模拟数据和数字数据经过适当的编码后，可统一到相同的传输方式下进行传输。由于数字信号在传输过程中不引入噪声，传输可靠性高，因此应用相当广泛，例如数字电话、数字传真、数字电视等。特别是目前多媒体技术的应用，要求将不同媒体的物理量（模拟量），例如声音、图像、动画等，转换成数字信号后在计算机和网络系统内进行存储、处理和传输。这些都要用到模拟数据的数字传输技术。

4.2.2 模拟信号调制

要在模拟信道上传输数字数据，首先数字信号要对相应的模拟信号进行调制，即用模拟信号作为载波运载要传送的数字数据。

载波信号可以表示为正弦波形式：

$$f(t)=A\sin(\omega t+\phi)$$

其中，幅度 A、频率 ω 和相位 ϕ 的变化均影响信号波形。因此，通过改变这三个参数可实现对模拟信号的编码。相应的调制方式分别称为幅移调控（ASK）、频移键控（FSK）和相移键控（PSK）。结合 ASK、FSK 和 PSK 可以实现高速调制，常见的组合是 PSK 和 ASK 的结合。

1. 幅度调制

幅度调制简称调幅，也称为幅移键控。

调制原理：用两个不同振幅的载波分别表示二进制值“0”和“1”，如图 4.4 所示。

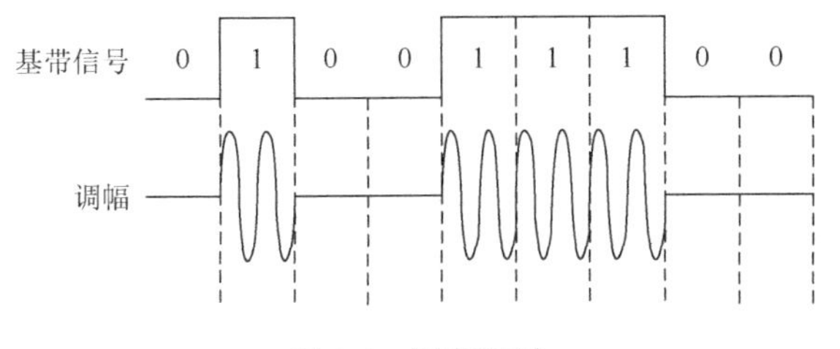

图 4.4 幅度调制

2. 频率调制

频率调制简称调频，也称为频移键控。

调制原理：用两个不同频率的载波分别表示二进制值“0”和“1”，如图 4.5 所示。

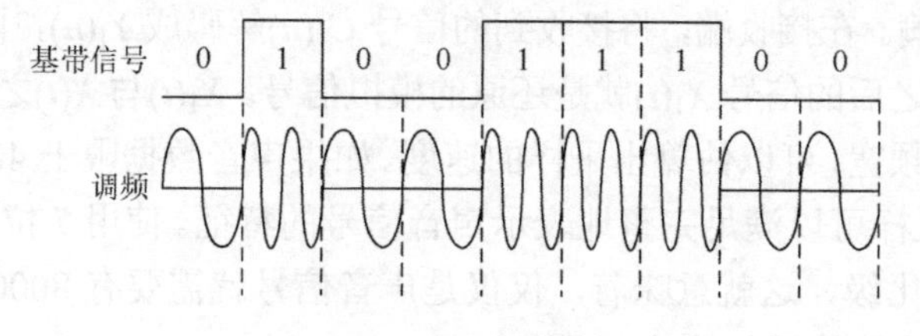

图 4.5　频率调制

3. 相位调制

1）绝对相移键控

绝对相移键控用两个固定的不同相位表示数字“0”和“1”，如图 4.6 所示。用公式可表示为

$$U(t) = U_m \sin(\omega t + \pi) \quad \text{数字“1”}$$
$$= U_m \sin(\omega t + 0) \quad \text{数字“0”}$$

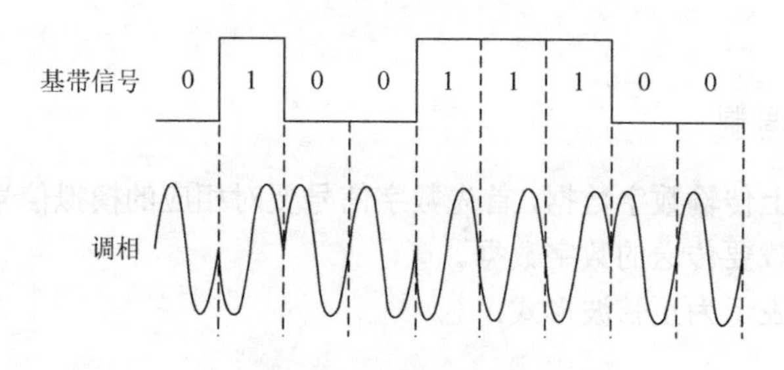

图 4.6　绝对相移键控

2）相对相移键控法

相对相移键控用载波在两位数字信号的交接处产生的相位偏移来表示载波所表示的数字信号。最简单的相对调相方法是：与前一个信号同相表示数字“0”，相位偏移 180°表示“1”，如图 4.7 所示。这种方法具有较好的抗干扰性。

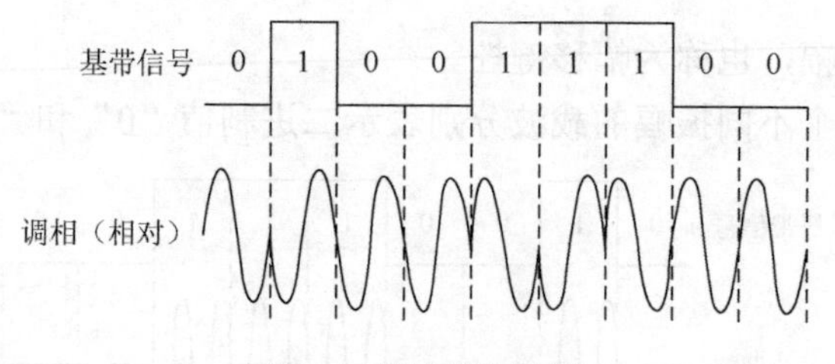

图 4.7　相对相移键控

4.2.3　数字数据的数字信号编码

数字数据的数字信号编码，就是要解决数字数据的数字信号表示问题，即通过对数字信号进行编码来表示数据。数字信号编码的工作由网络上的硬件完成，常用的编码方法有以下三种。

1. 不归零码

不归零码又可分为单极性不归零码和双极性不归零码。图 4.8（a）所示为单极性不归零码：在每一码元时间内，有电压表示数字“0”，有恒定的正电压表示数字“1”。每个码元的中心是取样时间，即判决门限为 0.5，0.5 以下为“0”，0.5 以上为“1”。图 4.8（b）所示为双极性不归零码：在每一码元时间内，以恒定的负电压表示数字“0”，以恒定的正电压表示数字“1”，判决门限为零电平，0 以下为“0”，0 以上为“1”。

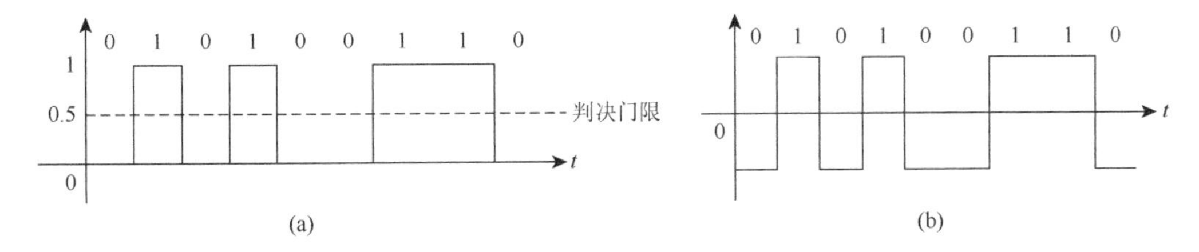

图 4.8　不归零码

不归零码是指编码在发送“0”或“1”时，在一码元的时间内不会返回初始状态（0）。当连续发送“1”或者“0”时，上一码元与下一码元之间没有间隙，使接收方和发送方无法保持同步。为了保证收、发双方同步，往往在发送不归零码的同时，还要用另一个信道同时发送同步时钟信号。计算机串口与调制解调器之间采用的是不归零码。

2. 归零码

归零码是指编码在发送“0”或“1”时，在一码元的时间内会返回初始状态（0），如图 4.9 所示。归零码可分为单极性归零码和双极性归零码。

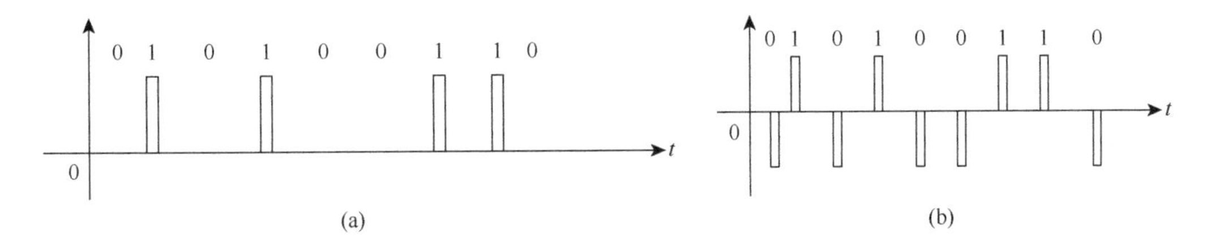

图 4.9　归零码

图 4.9（a）所示为单极性归零码：以无电压表示数字“0”，以恒定的正电压表示数字“1”。与单极性不归零码的区别是：“1”码发送的是窄脉冲，发完后归到零电平。图 4.9（b）所示为双极性归零码：以恒定的负电压表示数字“0”，以恒定的正电压表示数字“1”。与双极性不归零码的区别是：两种信号波形发送的都是窄脉冲，发完后归到零电平。

3. 自同步码

自同步码是指编码在传输信息的同时，将时钟同步信号一起传输过去。这样，在数据传输的同时就不必通过其他信道发送同步信号。局域网中的数据通信常使用自同步码，典型代表是曼彻斯特编码和差分曼彻斯特编码，如图 4.10 所示。

曼彻斯特（Manchester）编码：每一位的中间（$\frac{1}{2}$周期处）有一跳变，该跳变既作为时钟信号（同步），又作为数据信号。从高到低的跳变表示数字“0”，从低到高的跳变表示数字“1”。

差分曼彻斯特（different Manchester）编码：每一位的中间（$\frac{1}{2}$周期处）有一跳变，但是该跳变只作为时钟信号（同步）。数据信号根据每位开始时有无跳变进行取值，有跳变表示数字“0”，无跳变表示数字“1”。

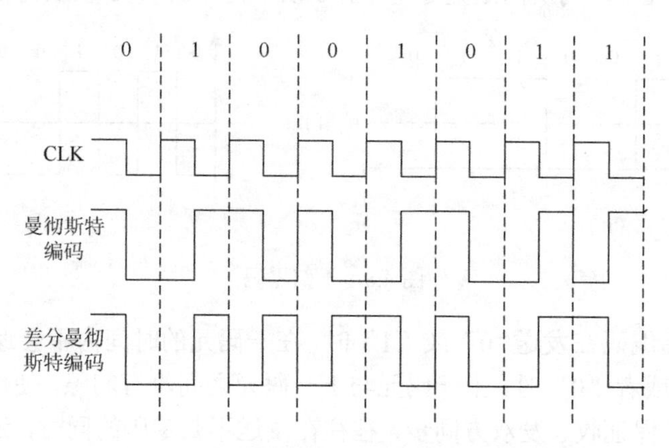

图 4.10　曼彻斯特编码和差分曼彻斯特编码

4.3　射频通信中的纠错编码方式

4.3.1　奇偶监督码

奇偶校验码也称奇偶监督码，它是一种最简单的线性分组检错编码方式。其方法是把信源编码后的信息数据流分成等长码组，在每一信息码组之后加入一位（1bit）监督码元作为奇偶检验位，使得总码长 n（包括信息位 k 和监督位 1）中的码重为偶数（称为偶校验码）或为奇数（称为奇校验码）。如果在传输过程中任何一个码组发生一位（或奇数位）错误，则收到的码组必然不再符合奇偶校验的规律，因此可以发现误码。奇校验和偶校验两者具有完全相同的工作原理和检错能力，原则上采用任一种都是可以的。

由于每两个“1”的模 2 相加为“0”，故利用模 2 加法可以判断一个码组中码重是奇数还是偶数。模 2 加法等同于“异或”运算。现以偶监督为例。

对于偶校验，应满足

$$a_{n-1} \oplus a_{n-2} \oplus \cdots \oplus a_1 \oplus c_0 = 0$$

故监督位码元 c_0 表示为

$$c_0 = a_1 \oplus a_2 \oplus \cdots \oplus a_{n-2} \oplus c_{n-1} \tag{4.1}$$

不难理解，这种奇偶校验编码只能检出单个或奇数个误码，而无法检出偶数个误码，对于连续多位的突发性误码也不能检知，故检错能力有限，另外，该编码后码组的最小码距为 $d_0 = 2$，故没有纠错码能力。奇偶监督码常用于反馈纠错法。

4.3.2 行列监督码

行列监督码是二维的奇偶监督码，又称为矩阵码，这种码可以克服奇偶监督码不能发现偶数个差错的缺点，并且是一种用以纠正突发差错的简单纠正编码。

其基本原理与简单的奇偶监督码相似，不同的是每个码元要受到纵和横的两次监督。具体编码方法如下：将若干个所要传送的码组编成一个矩阵，矩阵中每一行为一码组，每行的最后加上一个监督码元，进行奇偶监督，矩阵中的每一列则由不同码组相同位置的码元组成，在每列最后也加上一个监督码元，进行奇偶监督。行列监督码的一致监督关系按行及列组成。每一行每一列都是一个奇偶监督码，当某一行（或某一列）出现偶数个差错时，该行（或该列）虽不能发现，但只要差错所在的列（或行），没有同时出现偶数个差错，则这种差错仍然可以被发现。矩阵码不能发现的差错只有这样一类：差错数正好为4的倍数，而且差错位置正好构成矩形的四个角，因此，矩阵码发现错码的能力是十分强的，它的编码效率当然比奇偶监督码要低。

4.3.3 恒比码

恒比码又称为定比码。在恒比码中，每个码组“1”和“0”都保持固定的比例，故得此名。这种码在检测时，只要计算接收到的码组中“1”的数目是否对就知道有无错误。在我国用电传机传输汉字时，只使用阿拉伯数字代表汉字。这时采用的所谓“保护电码”就是“3∶2”或称“5中取3”的恒比码，即每个码组的长度为5，其中“1”的个数总是3，而“0”的个数总是2，如表4.3所示。

表 4.3 数字字符的恒比码表示

数字字符	普通的5位码	恒比码
1	11101	01011
2	11001	11001
3	10000	10110
4	01010	11010
5	00001	00111
6	10101	10101
7	11100	11100
8	01100	01110
9	00011	10011
0	01101	01101

本来以5位码元组成的码组总共可以有2^5种，而恒比码规定只有确切的含有3个“1”，2个“0”的那些码组为准用码组，而有3个“1”，2个“0”的5位码组共有多少？这是“5中取3”求组合的算法，组合数为

$$C_5^3 = \frac{5!}{(5-3)!3!} = 10 \tag{4.2}$$

一般情况下，从“n 中取 m”（$m<n$）恒比码的码组数为

$$C_n^m = \frac{n!}{(n-m)!m!} \tag{4.3}$$

由此可以看出，恒比码实际上是 n 个码元传送 $\log_2 C_n^m$ bit 信息，例如，上述“3∶2”即“5 中取 2”恒比码，用 5 位码只传 10 种信息，每个码组的信息量为 $\log_2 10 = 3.3\text{bit}$，有 $5-3.3 = 1.7$ bit 作为代价付出。

恒比码适用于传输字母和符号。

4.3.4 汉明码

汉明码属于线性分组编码方式，大多数分组码属于线性编码，其基本原理是，使信息码元与监督码元通过线性方程式联系起来。线性码建立在代数学群论的基础上，各许用码组的集合构成代数学中的群，故又称为群码。

1. 校验子和监督关系式

我们先回顾一下按式（4.1）条件构成的偶数监督码。由于我们使用了一位监督码 c_0，它就能和信息码 $a_{n-1}\cdots a_1$ 一起构成一个代数式，在接收端解码时，我们实际上是在计算

$$s = a_{n-1} \oplus a_{n-2} \oplus \cdots \oplus a_1 \oplus c_0 \tag{4.4}$$

若 $s=0$，就认为无错码；若 $s=1$，就认为有错码。上式就是一致监督关系式，s 称为“校验子”。由于校验子 s 的取值只有这两种，它就只能代表有错和无错两种信息，而不能指出错码的位置。我们不难推想，例如监督位增加一位，变成两位，则能增加一个类似于式（4.1）的监督关系式。两个校验子的可能值有 4 种组合 00，01，10，11，故能表示 4 种不同的信息，其中一种表示无错，其余三种就有可能用来指示一位错码的三种不同位置。同理，r 个监督关系式能指示一位错码的 (2^r-1) 个可能位置。

一般说来，若码长为 n，信息码为 k，则监督码数 $r=n-k$。若希望用 r 个监督码构造出 r 个监督关系式来指示一位错码的 n 种可能位置，则要求

$$2^r - 1 \geqslant n \quad 或 \quad 2^r \geqslant k + r + 1 \tag{4.5}$$

下面通过一个例子来说明如何具体构造这些监督关系式。

设分组码（n、k）中 $k=4$，为了能纠正一位错码，按式 4.5 可知，要求监督码数 $r\geqslant 3$，现取 $r=3$，则 $n=k+r=4+3=7$，这是一种（7、4）分组码。我们用 $a_6a_5\cdots c_2c_1c_0$ 表示这 7 个码元，c_0, a_3, a_4, a_6 表示三个监督关系式中的校验子，则 c_0, a_3, a_4, a_6 的值与错码位置的对应关系可以规定如表 4.4 所示，（当然也可以规定成另一种对应关系，这不影响讨论一般性）

表 4.4　$r=3$ 时，校验子与错码位置对应关系

$s_1s_2s_3$	错码位置	$s_1s_2s_3$	错码位置
001	c_2, c_1, c_0	101	c_2, c_1, c_0
010		110	
100		111	
011		000	无错码

按表 4.4 的规定，仅当有一个错码位置在 c_2, a_4, a_5, a_6 时，校验子 s_1 为 1，否则 s_1 为 0，这就意味着 c_2, a_4, a_5, a_6 4 个码元构成偶数监督关系：

$$s_1 = a_6 \oplus a_5 \oplus a_4 \oplus c_2 \tag{4.6}$$

同理，c_1, a_3, a_5, a_6 构成偶数监督关系：

$$s_2 = a_6 \oplus a_5 \oplus a_3 \oplus c_1 \tag{4.7}$$

以及 c_0, a_3, a_4, a_6 构成偶数监督关系：

$$s_3 = a_6 \oplus a_4 \oplus a_3 \oplus c_0 \tag{4.8}$$

2. 监督码的确定

在发送端编码时，信息码 a_6, a_5, a_4, a_3 的值决定于输入信号，是随机的。而监督码 c_2, c_1, c_0 则应根据信息码的取值按监督关系式决定，即监督码的取值应使上三式中 c_0, a_3, a_4, a_6 的值为 0，表示编成的码组中无错码：

$$\left.\begin{aligned} a_6 \oplus a_5 \oplus a_4 \oplus c_2 = 0 \\ a_6 \oplus a_5 \oplus a_3 \oplus c_1 = 0 \\ c_6 \oplus a_4 \oplus a_3 \oplus c_0 = 0 \end{aligned}\right\}$$

由上式移项解出监督码（在模 2 加法中，移项后没有负号）：

$$\left.\begin{aligned} a_6 \oplus a_5 \oplus a_4 \oplus c_2 = 0 \\ a_6 \oplus a_5 \oplus a_3 \oplus c_1 = 0 \\ c_6 \oplus a_4 \oplus a_3 \oplus c_0 = 0 \end{aligned}\right\}$$

已知信息码后，直接按上式可算出监督码，计算结果得出 16 个码组列于表 4.5 中。

表 4.5　$r = 3$ 时的监督码

信息码	监督码	信息码	监督码
$c_6c_5c_4c_3$	$s_1s_2s_3$	$c_6c_5c_4c_3$	$s_1s_2s_3$
0000	000	1000	111
0001	011	1001	100
0010	101	1010	010
0011	110	1011	001
0100	110	1100	001
0101	101	1101	010
0110	011	1110	100
0111	000	1111	111

3. 解码过程

接收端收到每个码组后，按以下顺序解码：先按式（4.6）～（4.8）计算出校验子再按表 4.4 判断错误情况。例如，若接收码组为 0000011，按式（4.6）～（4.8）计算得

$$s_1 = 0, \quad s_2 = 1, \quad s_3 = 1$$

由于 $s_1s_2s_3=011$，查表 4.5 可知有一错码为 a_3。

4. 汉明码的效率

汉明码的编码效率计为：

$\eta=1-r/n$，因此，当 n 很大时，效率是很高的。

4.3.5 循环码

循环码（cyclic kedundancy check，CRC）是一种重要的线性码，它有三个主要的数学特征：

（1）循环码具有循环性，即循环码中任一码组循环一位（将最右端的码移至左端）以后，仍为该码中的一个码组。

（2）循环码组中任两个码组之和（模 2）必定为该码组集合中的一个码组。

（3）循环码每个码组中，各码元之间还存在一个循环依赖关系，b 代表码元，则有

$$b_i=b_{i+4}\oplus b_{i+2}\oplus b_{i+1}$$

1. 用多项式码作为检验码的编解码过程

用多项式码作为检验码时，发送器和接收器必须具有相同的生成多项式 $G(x)$，其最高、最低项系数必须为 1。CRC 编码过程是将要发送的二进制序列看成是多项式的系数，除以生成多项式，然后把余数挂在原多项式之后。CRC 译码过程是接收方用同一生成多项式除以接收到的 CRC 编码，若余数为零，则传输无错。

编码译码方法：

（1）令 r 为生成多项式 $G(x)$的阶，将 r 个“0”附加在信息（数据）元的低端，使其长度变为 $k+r$ 位，相应于多项式 $x^r m(x)$。

（2）$x^r m(x)\div g(x)[\mathrm{mod}\,2]$，得余数。

（3）$x^r m(x)$ 与余数对应位异或，得编码信息 $T(x)$。

表 4.6 给出了一个数据信息示例。

表 4.6　数据信息示例

数据信息	1101011011	$M(X)$
生成式	10011	$G(X)$，$R=4$
加 4 个“0”之后	11010110110000	$x^r m(x)$
$x^r m(x)/G(X)$	1110	余数
待发送的编码	11010110111110	$T(X)$

（4）接收器收到发来的编码信息后，用同一个生成多项式 $G(x)$除以编码信息，若余数为零，则表示接收到正确的编码信息，否则有错。

（5）把收到的正确编码信息 $T(x)$去掉尾部 r 位，即得数据信息 $M(x)$。

2. 多项式码检错能力及生成多项式 $G(x)$的选择原则

设接收到的信息不是发送的编码信息 $T(x)$，而是 $T(x)+E(x)$。

例　有差错的编码信息为

$$1001001011\ T(x)-E(x)=T(x)+E(x)$$

其中，1101011011 为 $T(x)$，0100010000 为 $E(x)$。若接收到的有差错的编码信息为 $T(x)+E(x)$，用 $G(x)$除以 $T(x)+E(x)$，则得余数为 $E(x)/G(x)$的余数，因为 $T(x)/G(x)$余数为零，所以 $[T(x)+E(x)]/G(x)$的余数即为 $E(x)/G(x)$的余数。

这时应该有余数，若无余数则检不出错。

有 r 位校验位的多项式码将能检测所有≤r 位的突发错，故只要 $k-1<r$，就能检测出所有突发错，这是一个很有用的结论。

生成多项式 $G(x)$的国际标准有：

CRC-12　　$G(x)=x^{12}+x^{11}+x^3+x^2+x$

CRC-16　　$G(x)=x^{16}+x^{15}+x^2+1$

CRC-CCITT　　$G(x)=x^{16}+x^{12}+x^{5+1}$

CRC-16 和 CRC-CCITT 两种生成多项式生成的 CRC 码可以捕捉一位错、二位错、具有奇数个错的全部错误，可以捕捉突发错长度小于 16 的全部错误、长度为 17 的突发错的 99.998%、长度为 18 以上的突发错的 99.997%。CRC-16 和 CRC-CCITT 可以用硬件实现。

4.3.6 RS 码

里德-所罗门码（Reed-Solomon，RS）是一种重要的线性分组编码方式，它对突发性错误有较强的纠错能力，被 DVB 标准采用。

在 RS 编码过程中，各符号不是直接出现，而是每个符号要乘以某个基本元素的幂次方后再模 2 加。

在循环码中欲检查是否有错是用码字除一个多项式，而在 RS 码中，欲检出一系列误码则需要用码字除一定数量的一次多项式。如果要纠正 7 个错误，那么码字必须被 2 t 个不同的一次多项式整除，例如，被 $x+a^n$ 的一次多项式整除，这里的 n 取值直到 2 t 的所有整数值，a 是基本元素，例如，a 为 010，输入 5 个符号，每个符号 3bit，与相应的元素相乘后直接模 2 加输出，因为有两种系数，所以得到两个校检子，两个校验式为

$$s_0=A\oplus B\oplus C\oplus E\oplus P\oplus Q$$

$$s_1=a^7A\oplus a^6B\oplus a^5\oplus a^4\oplus a^3\oplus a^2P\oplus aQ=0$$

下面举一个简单例子说明。纠错过程在无差错时，$s_0=0$，$s_1=0$，有如下关系：

码字				式中
	A	101	$a^7A=101$	$a=010$
	B	100	$a^6B=010$	$a^2=100$
	C	010	$a^5C=101$	$a^3=011$
	D	100	$a^4D=101$	$a^4=110$
	E	111	$a^3E=010$	$a^5=111$
	P	100	$a^2P=110$	$a^6=101$
	Q	100	$aQ=011$	$a^7=001$
	s_0	000	$s_1=000$	

当接收到的符号有错时通过计算也可以得到与符号有关的错误图形，这时有错的码加

撇，s_0是错误图形，真正的$D=D'+s_0=101+001=100$。但错误的位置将由s_1决定，这要利用s_1和s_2的关系。

A	101	a^7A	
B	100	a^6B	$s_0=0001=a^7=1$
C	010	a^5C	$s_1=110=a^4$
D	101	$a^4D'011$	$\frac{s_1}{s_0}-\frac{a^4}{1}=a^4$
E	111	a^3E	
P	100	a^2P	$k=4$
Q	100	aQ	$D=D'+s_0=101+001=100$
s_0	001	$s-110$	

校验子的增加导致纠错能力的加强，通过s_1和s_2的运算可以确定差错的位置，并予以纠正。尽管s_1和s_2都是同一个错误的不同图形，但因s_1是乘a^n次方的各接收符号模2加得到的，而$s_1 \div s_0=a^k$的k恰好是乘2^n那个符号。

从上面的例子可以看出，为了纠正一个符号错，要两个符号的检测码，一个用来确定位置，一个用来纠错。一般来说纠t个错误需要2t个检验符，这时要计算2t个等式，确定t个位置和纠t个错。能纠t个符号的RS码生成多项式为

$$G(x)=(x+a^0)(x+a^1)(x+a^2)\cdots(x+a^{2t-1})$$

按照DVB的CATV标准，RS码生成多项式为

$$G(x)=(x+2^0)(x+2^1)(x+2^2)\cdots(x+2^{15})$$

RS码为RS（204，188，8），即分组码符号长度为204个，188个信息符号，可纠错8个。

4.3.7 连环码（卷积码）

连环码是一种非分组码，通常它更适用于前向纠错法，因为其性能对于许多实际情况常优于分组码，而且设备简单。这种连环码在它的信码元中也有插入的监督码元但并不实行分组监督，每一个监督码元都要对前后的信息单元起监督作用，整个编解码过程也是一环扣一环，连锁地进行下去。近十余年的发展表明，连环码的纠错能力不亚于甚至优于分组码。这一小节只介绍一种最简单的连环码，以便了解连环码的基本概念。图4.11是连环码的一种最简单的编码器，它由两个移位寄存器，一个模2加法器及一个电子开关组成。工作过程是：移位寄存器按信息码的速度工作，输入一位信息码，电子开关倒换一次，即前半拍接通 a 端，后半拍接通 b 端。因此，若输入信息为$a_0a_1a_2a_3$，则输出连环码为$a_0b_0a_1b_1a_2b_2a_3b_3\cdots$，其中，“b”为监督码元，其计算方法如式。

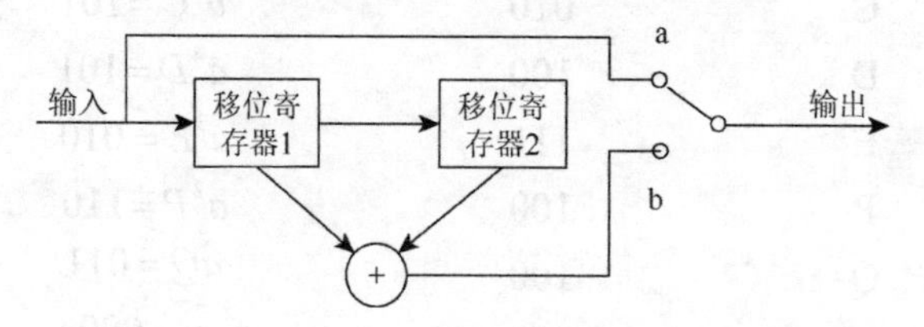

图4.11 使用2移位寄存器的连环码编码器结构图

$$\left.\begin{aligned}b_1&=a_0+a_1\\b_2&=a_1+a_2\\b_3&=a_2+a_3\\b_4&=a_3+a_4\\&\cdots\\b_i&=a_{i-1}+a_i\end{aligned}\right\}\text{模}2 \tag{4.9}$$

可见，这个连环码的结构是信息码元、监督码元、信息码元、监督码元一个信息码与一个监督码组成一组，但每组中的监督码除了与本组信息码有关外，还跟上一组的信息码有关，或者说，每个信息码除有本组监督码外，还有下一组的监督码与它有关系。因此，这种编码就像一根链条，一环扣一环，连环码即由此得名。在解码过程中，首先将接收到的信息码与监督码分离，由接收到的信息码再生监督码，这个过程与编码器相同，再将此再生监督码与接收到的监督码比较，判断有无差错，分布在相邻的三组码内可纠正一位差错。

4.4 RFID 防冲突算法

无线射频识别技术 RFID 是利用射频信号和空间耦合（电感或电磁耦合）传输特性自动识别目标物体的技术，RFID 系统一般由电子标签和读写器组成。读写器负责发送广播并接收标签的标识信息；标签收到广播命令后将自身标识信息发送给读写器。然而由于读写器与所有标签共用一个无线信道，当阅读器识别区域内存在两个或者两个以上的标签在同一时刻向阅读器发送标识信息时，将产生冲突，致使读写器不能对一些标签进行识别处理，解决此冲突的方法称为防冲突算法（或防碰撞算法）。

RFID 防冲突问题与计算机网络冲突问题类似，但是，由于 RFID 系统中的一些限制，使得传统网络中的很多标准的防冲突技术都不适于或很难在 RFID 系统中应用。这些限制因素主要有：标签不具有检测冲突的功能而且标签间不能相互通信，因此冲突判决需要由读写器来实现；标签的存储容量和计算能力有限，就要求防冲突协议尽量简单和系统开销较小，以降低其成本。RFID 系统通信带宽有限，因此需要防碰撞算法尽量减少读写器和标签间传送的信息比特的数目。因此，如何在不提高 RFID 系统成本的前提下，提出一种快速高效的防冲突算法，以提高 RFID 系统的防碰撞能力同时识别多个标签的需求，从而将 RFID 技术大规模的应用于各行各业，是当前 RFID 技术亟待解决的技术难题。现有的标签防冲突算法可以分为基于 ALOHA 机制的算法和基于二进制树机制的算法。

4.4.1 RFID 的防冲突机制

RFID 读写器正常情况下一个时间点只能对磁场中的一张 RFID 标签进行读或写操作，但是实际应用中经常会多张标签同时进入读写器的射频场，这种情况读写器怎么处理呢?读写器需要选出特定的一张标签进行读或写操作，这就是标签防冲突。

防冲突机制是 RFID 技术中特有的问题。在接触式 IC 标签的操作中是不存在冲突的，因为接触式智能卡的读写器有一个专门的卡座，而且一个标签座只能插一张标签，不存在读写器同时面对两张以上标签的问题。常见的非接触式RFID标签中的防冲突机制主要有以下几种。

1. 面向比特的防冲突机制

高频的ISO 14443A使用这种防冲突机制，其原理是基于标签有一个全球唯一的序列号。例如Mifare1卡，每张标签有一个全球唯一的32位二进制序列号。显而易见，标签的每一位上不是“1”就是“0”，而且由于是全世界唯一，所以任何两张标签的序列号总有一位的值是不一样的，也就说总存在某一位，一张标签上是“0”，而另一张标签上是“1”。

当两张以上标签同时进入射频场，读写器向射频场发出标签呼叫命令，问射频场中有没有标签，这些标签同时回答“有标签”。然后读写器发送防冲突命令“把你们的标签告诉我”，收到命令后所有标签同时回送自己的标签。

可能这些标签号的前几位都是一样的。例如，前4位都是1010，第5位上有一张标签是“0”而其他标签是“1”，于是所有标签在一起说自己的第5位标签的时候，由于有标签说“0”，有标签说“1”，读写器听出来发生了冲突。

读写器检测到冲突后，对射频场中的标签说，让标签前4位是“1010”，第5位是“1”的标签继续说自己的标签，其他的标签不要发言了。

结果第5位是“1”的标签继续发言，可能第5位是“1”的标签不止一张，于是在这些标签回送标签的过程中又发生了冲突，读写器仍然用上面的办法让冲突位是“1”的标签继续发言，其他标签禁止发言，最终经过多次的防冲突循环，当只剩下一张标签的时候，就没有冲突了，最后胜出的标签把自己完整的标签回送给读写器，读写器发出标签选择命令，这张标签就被选中了，而其他标签只有等待下次呼叫时才能再次参与防冲突过程。

上述防冲突过程中，当冲突发生时，读写器总是选择冲突位为“1”的标签胜出，当然也可以指定冲突位为“0”的标签胜出。

上述过程有点拟人化了，实际情况下读写器是怎么知道发生冲突了呢?在前面的数据编码中我们已经提到，标签向读写器发送命令使用负载波调制的曼彻斯特码，负载波调制码元的右半部分表示数据“0”，负载波调制码元的左半部分表示数据“1”，当发生冲突时，由于同时有标签回送“0”和“1”，导致整个码元都有负载波调制，读写器收到这样的码元，就知道发生冲突了。

这种方法可以保证任何情况下都能选出一张标签，即使把全世界同类型的所有标签都拿来防冲突，最多经过32个防冲突循环就能选出一张标签。缺点是由标签序列号全世界唯一，而标签的长度是固定的，所以某一类型的标签的生产数量也是一定的，比如常见的Mifare1卡，由于只有4个字节的标签序列号，所以其生产数量最多为2^{32}，即4 294 967 296张。

2. 面向时隙的防冲突机制

ISO 14443B中使用这种防冲突机制。这里的时隙（time slot）其实就是个序号，这个序号的取值范围由读写器指定，可能的范围有1～1、1～2、1～4、1～8、1～16。当两张以上标签同时进入射频场，读写器向射频场发出标签呼叫命令，命令中指定了时隙的范围，让标签在这个指定的范围内随机选择一个数作为自己的临时识别号，然后读写器从1开始叫号，如果叫到某个号恰好只有一张标签选择了这个号，则这张标签被选中胜出。如果叫到的号没有标签应答或者有多于一张标签应答，则继续向下叫号。如果取值范围内的所有号都叫了一遍还没有选出一标签号，则重新让标签随机选择临时识别号，直到叫出一标签号号为止。

这种办法不要求标签有一个全球唯一序列号，所以标签的生产数量没有限制，但是理论上存在一种可能，就是永远也选不出一张标签来。

3. 位和时隙相结合的防冲突机制

ISO 15693 中使用这种机制。一方面每张标签有一个 7 字节的全球唯一序列号，另一方面读写器在防冲突的过程中也使用时隙叫号的方式，不过这里的号不是标签随机选择的，而是标签唯一序列号的一部分。

叫号的数值范围分为 0～1 和 0～15 两种。其大体过程是，当有多张标签进入射频场，读写器发出清点请求命令，假如指定标签的叫号范围是 0～15，则标签序列号最低 4 位为 0000 的标签回送自己的 7 字节序列号。如果没有冲突，标签的序列号就被登记在 PCD 中，然后读写器发送一个帧结束标志，表示让标签序列号最低 4 位为 0001 的标签作出应答；之后读写器每发送一个帧结束标志，表示序列号的最低 4 位加 1，直到最低 4 位为 1111 的标签被要求应答；如果此过程中某一个标签回送序列号时没有发生冲突，读写器就可选择此标签；如果巡检过程中没有标签反应，表示射频场中没有标签；如果有标签反应的时隙发生了冲突，例如，最低 4 位是 1010 的标签回送标签时发生了冲突，则读写器在下一次防冲突循环中指定只有最低 4 位是 1010 的标签参与防冲突，然后用标签的 5～8 位作为时隙，重复前面的巡检。如果被叫标签的 5～8 位时隙也相同，之后再用标签的 9～12 位作为时隙，重复前面的巡检，依次类推。读写器可以从低位起指定任意位数的序列号，让标签低位和指定的低位序列号相同的标签参与防冲突循环，标签用指定号前面的一位或 4 位作为时隙对读写器的叫号作出应答。由于标签的序列号全球唯一，所以任何两张标签总有某个连续的 4 位二进制数不一样，因而总能选出一张标签。需要指出的是，当选定的时隙数为 1 时，这种防冲突机制等同于面向比特的防冲突机制。

另外需要说明的是，TTF（tag talk first）的标签一般是无法防冲突的。这种标签一进入射频场就主动发送自己的识别号，当有多张标签同时进入射频场时就会发生不读取的现象，这时只有靠标签的持有者自己去避免冲突了。

4.4.2 Aloha 算法

Aloha 算法是一种随机接入方法，其基本思想是采取标签先发言的方式，当标签进入读写器的识别区域内就自动向读写器发送其自身的 ID 号，在标签发送数据的过程中，若有其他标签也在发送数据，那么发生信号重叠导致完全冲突或部分冲突，读写器检测接收到的信号有无冲突，一旦发生冲突，读写器就发送命令让标签停止发送，随机等待一段时间后再重新发送以减少冲突。Aloha 算法模型图如图 4.12 所示。

Aloha 算法虽然简单，易于实现，但是存在一个严重的问题就是读写器对同一个标签，如果连续多次发生冲突，这将导致读写器出现错误判断认为这个标签不在自己的作用范围。同时还存在另外一个问题，其冲突概率很大，假设其数据帧为 F，则冲突周期为 $2F$。针对以上问题有人提出了多种方案来改善 Aloha 算法在 RFID 系统中的可行性和识别率。

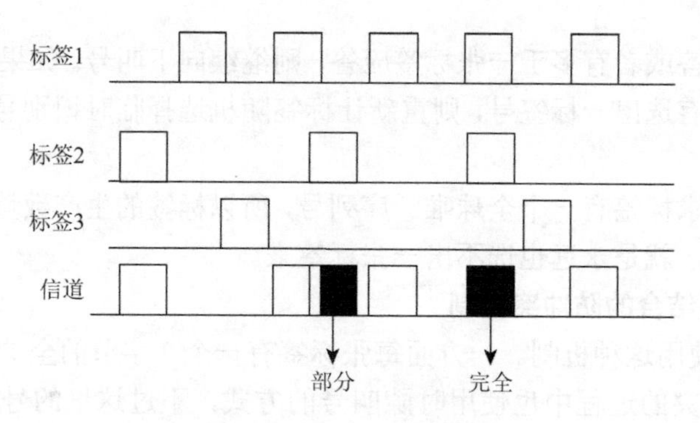

图 4.12　Aloha 算法模型

Vogt. H 提出了一种改进的算法是 Slotted Aloha 算法，该算法在 Aloha 算法的基础上把时间分成多个离散时隙，每个时隙长度 T 等于标签的数据帧长度，标签只能在每个时隙的分界处才能发送数据。这种算法避免了原来 Aloha 算法中的部分冲突，使冲突期减少一半，提高了信道的利用率。但是这种方法需要同步时钟，对标签要求较高，标签应有计算时隙的能力。

4.4.3　二进制树算法

二进制树防冲突算法的基本思想是将处于冲突的标签分成左右两个子集 0 和 1，先查询子集 0，若没有冲突，则正确识别标签，若仍有冲突则再分裂，把子集 0 分成 00 和 01 两个子集，依次类推，直到识别出子集 0 中的所有标签，再按此步骤查询子集 1，如图 4.13 所示。

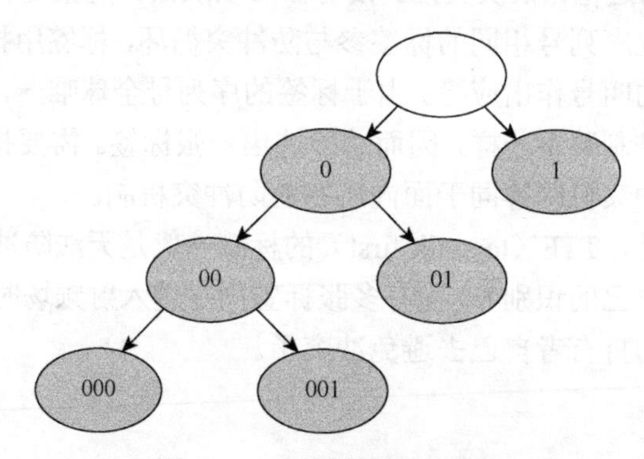

图 4.13　二进制树算法模型

二进制树算法，以一个的独特的序列号来识别标签为基础。其基本原理如下：读写器每次查询发送的一个比特前缀 $p_0p_1\cdots p_i$，只有与这个查询前缀相符的标签才响应读写器的命令，当只有一个标签响应，读写器成功识别标签，当有多个标签响应就发生冲突，下一次循环中读写器把查询前缀增加一个比特 0 或 1，读写器中设有一个队列 Q 来补充前缀，这个队列 Q 用 0 和 1 来初始化，读写器从 Q 中查询前缀并在每次循环中发送此前缀，当前缀 $p_0p_1\cdots p_i$ 是一个冲突前缀，读写器就把查询前缀设为 $p_0p_1\cdots p_i$，把前缀 $p_0p_1\cdots p_i$ 放入队列 Q，读写器继续这个操作直到队列 Q 为空，通过不断增加和减少查询前缀，读写器能识别其阅读区域内的所有标签。

二进制树算法的实现步骤如下：

（1）读写器广播发送最大序列号查询前缀 Q 让其作用范围内的标签响应，同一时刻传输它们的序列号至读写器。

（2）读写器对比标签响应的序列号的相同位数上的数，如果出现不一致的现象（即有的序列号该位为 0，而有的序列号该位为 1），则出可判断有冲突。

（3）确定有冲突后，把有不一致位的数最高位置 0 再输出查询前缀 Q，依次排除序列号大于 Q 的标签。

（4）识别出序列号最小的标签后，对其进行数据操作，然后使其进入“无声”状态，则对读写器发送的查询命令不进行响应。

（5）重复步骤（1），选出序列号倒数第二的标签。

（6）多次循环完后完成所有标签的识别。

假设有 4 个标签其序列号分别为 10110010、10100011、10110011、11100011，其二进制树算法实现流程如表 4.8 所示。

表 4.8　二进制树算法实现

查询前缀 Q	第一次查询 11111111	第二次查询 10111111	第三次查询 10101111
标签响应	1X1X001X	101X001X	10100011
标签 A	10110010	10110010	
标签 B	10100011	10100011	10100011
标签 C	10110011	10110011	
标签 D	11100011		

为减少标签发送数据所需的时间和所消耗的功率，有人提出了改进的二进制树算法，其改进思路是把数据分成两部分，读写器和标签双方各自传送其中一部分数据，可把传输的数据量减小一半，达到缩短传送时间的目的。根据二进制算法的思路进行改良，当标签 ID 与查询前缀相符时，标签只发送其余的比特位，可以减少每次传送的位数，也可缩短传送的时间，从而缩短防冲突执行时间。表 4.9 说明了动态二进制树算法的实现过程。

表 4.9　动态二进制树算法的实现过程

查询前缀 Q	第一次查询 11111111	第二次查询 0111111	第三次查询 01111
标签响应	1X1X001X	X001X	00011
标签 A	10110010	10110010	
标签 B	10100011	10100011	10100011
标签 C	10110011	10110011	
标签 D	11100011		

4.5 数据加密技术

信息安全的核心就是数据的安全，也就是说数据加密是信息安全的核心问题。数据的安全问题越来越受到重视，数据加密技术的应用极大地解决了数据库中数据的安全问题。

由于网络技术的发展影响着人们生活的方方面面，人们的网络活动越来越频繁，随之而来安全性的要求也就越来越高，对自己在网络活动的保密性要求也越来越严格，应用信息加密技术保证了人们在网络活动中对自己的信息和一些相关资料保密的要求，保证了网络的安全性和保密性。尤其是在当今电子商务、电子现金、数字货币、网络银行等各种网络业务的快速兴起，使得如何保护信息安全使之不被窃取、不被篡改或破坏等问题越来越受到人们的重视。

解决这问题的关键就是信息加密技术。所谓加密，就是把称为“明文”的可读信息转换成“密文”的过程；而解密则是把“密文”恢复为“明文”。加密和解密都要使用密码算法来实现。密码算法是指用于隐藏和显露信息的可计算过程，通常算法越复杂，密文越安全。在加密技术中，密钥必不可少，密钥是使密码算法按照一种特定方式运行并产生特定密文的值。使用加密算法就能够保护信息安全使之不被窃取、不被篡改或破坏。

在加密技术中，基于密钥的加密算法可以分为两类：常规密钥加密（对称加密技术）和公开密钥加密（非对称加密技术）。最有名的常规密钥加密技术是由美国国家安全局和国家标准与技术局来管理的数据加密标准（data encryption standard，DES）算法，公开密钥加密算法比较流行的主要有 RSA 算法。由于安全及数据加密标准发展需要，美国政府于 1997 年开始公开征集新的数据加密标准 AES（advanced encryption standard)，经过几轮选择最终在 2000 年公布了最终的选择程序为 Rijndael 算法。

4.5.1 数据加密基本概念

1. 加密的由来

加密作为保障数据安全的一种方式，它不是现在才有的，它产生的历史相当久远，可以追溯到公元前 2000 年。虽然它不是现在我们所讲的加密技术（甚至不叫加密)，但作为一种加密的概念，确实早在几个世纪前就诞生了，当时埃及人是最先使用别的象形文字作为信息编码的，随着时间推移，巴比伦、美索不达米亚和希腊文明都开始使用一些方法来保护他们的书面信息。

近期加密技术主要应用于军事领域，例如美国独立战争、美国内战和两次世界大战。最广为人知的编码机器是 German Enigma 机，在第二次世界大战中德国人利用它创建了加密信息，此后，由于 Alan Turing 和 Ultra 计划以及其他人的努力，终于对德国人的密码进行了破解。当初，计算机的研究就是为了破解德国人的密码，人们并没有想到计算机给今天带来的信息革命。随着计算机的发展，运算能力的增强，破解过去的密码都变得十分简单，于是人们又不断地研究出了新的数据加密方式。

2. 加密的概念

所谓数据加密（data encryption）技术是指将一个信息（或称明文，plain text）经过加密钥匙（encryption key）及加密函数转换，变成无意义的密文（cipher text），而接收方则将此密文经过解密函数、解密钥匙（decryption key）还原成明文。数据加密的基本过程就是对原来为明文的文件或数据按某种算法进行处理，使其成为不可读的一段代码，通常称为“密文”，使其只能在输入相应的密钥之后才能显示出本来内容，通过这样的途径来达到保护数据不被非法人窃取、阅读的目的。该过程的逆过程为解密，即将该编码信息转化为其原来数据的过程。

数据加密技术要求只有在指定的用户或网络下，才能解除密码而获得原来的数据，这就需要给数据发送方和接受方以一些特殊的信息用于加解密，这就是所谓的密钥。其密钥的值是从大量的随机数中选取的，按加密算法分为专用密钥和公开密钥两种。专用密钥，又称为对称密钥或单密钥，加密和解密时使用同一个密钥，即同一个算法，例如 DES 和 MIT 的 Kerberos 算法。单密钥是最简单的方式，通信双方必须交换彼此密钥，当需给对方发信息时，用自己的加密密钥进行加密，而在接收方收到数据后，用对方所给的密钥进行解密。当一个文本要加密传送时，该文本用密钥加密构成密文，密文在信道上传送，收到密文后用同一个密钥将密文解出来，形成普通文体供阅读。在对称密钥中，密钥的管理极为重要，一旦密钥丢失，密文将无密可保。这种方式在与多方通信时因为需要保存很多密钥而变得很复杂，而且密钥本身的安全就是一个问题。对称密钥是最古老的，一般说“密电码”采用的就是对称密钥。由于对称密钥运算量小、速度快、安全强度高，因而目前仍广泛被采用。

3. 加密的理由

当今网络社会选择加密已是我们别无选择，其一是我们知道在互联网上进行文件传输、电子邮件商务往来存在许多不安全因素，特别是对于一些大公司和一些机密文件在网络上传输，而且这种不安全性是互联网存在基础——TCP/IP 协议所固有的，包括一些基于 TCP/IP 的服务；另一方面，互联网给众多的商家带来了无限的商机，互联网把全世界连在了一起，走向互联网就意味着走向了世界，这对于无数商家无疑是梦寐以求的好事，特别是对于中小企业。为了解决这一对矛盾、为了能在安全的基础上大开这通向世界之门，我们只好选择了数据加密和基于加密技术的数字签名。

加密在网络上的作用就是防止有用或私有化信息在网络上被拦截和窃取。一个简单的例子就是密码的传输，计算机密码极为重要，许多安全防护体系是基于密码的，密码的泄露在某种意义上来讲意味着其安全体系的全面崩溃。通过网络进行登录时，所键入的密码以明文的形式被传输到服务器，而网络上的窃听是一件极为容易的事情，所以很有可能黑客会窃取到用户的密码，如果用户是 root 或 administrator 用户，那后果将是极为严重的。

数字签名就是基于加密技术的，它的作用就是用来确定用户是否是真实的。应用最多的还是电子邮件，例如，当用户收到一封电子邮件时，邮件上面标有发信人的姓名和信箱地址，很多人可能会简单地认为发信人就是信上说明的那个人，但实际上伪造一封电子邮件对于一个普通人来说是极为容易的事。在这种情况下，就要用到加密技术基础上的数字签名，用它来确认发信人身份的真实性。

类似数字签名技术的还有一种身份认证技术，有些站点提供入站 FTP 和 WWW 服务，当然用户通常接触的这类服务是匿名服务，用户的权力要受到限制，但也有的这类服务不是匿名的，例如，某公司为了信息交流提供用户的合作伙伴非匿名的 FTP 服务，或开发小组把他们的 Web 网页上载到用户的 WWW 服务器上，现在的问题是，用户如何确定正在访问用户的服务器的人就是用户认为的那个人？身份认证技术就是一个好的解决方案。在这里需要强调一点的就是，文件加密其实不只用于电子邮件或网络上的文件传输，其实也可应用于静态的文件保护，例如，PIP 软件就可以对磁盘、硬盘中的文件或文件夹进行加密，以防他人窃取其中的信息。

4.5.2 加密算法原理及分析

1. 常规密钥加密

常规密钥加密是指收信方和发信方使用相同的密钥，即加密密钥和解密密钥是相同的并且保持机密性。发送信息时，发送方用自己的密钥进行加密，而在接收方收到数据后，又用对方所给的密钥进行解密，故也称为对称加密技术或私钥密码体制。比较著名的常规密码算法有美国的 DES，欧洲的 IDEA（international clute encryption algorithm），日本的 RC4，RC5 以及以代换密码和转换密码为代表的古典密码等。在众多的常规密码中影响最大的是 DES 算法，由美国 IBM 公司 1973 年提出，1975 年研制成功的一种传统密码体制的加密算法，采用多次换位加密与代替相结合的处理方法，1975 年 7 月 5 日被美国确定为统一数据加密标准，多年来得到了广泛应用。DES 算法属于分组加密算法，综合应用了置换、替换等多种密码技术对 64 bit 的分组数据块进行加密。

它的基本原理是混淆及散布，混淆是将明文转换为其他形式，而散布则可将明文的部分变化影响扩散到加密后的整个部分。DES 输入 64 bit 密钥，实际使用密钥长度为 56 bit（有 8 bit 用于奇偶校验）。加密时把明文以 64 bit 为单位分成块，而后用密钥进行块加密把明文转化成密文。DES 算法对 64 bit 的输入数据块进行 16 轮的编码，在每轮编码时，都要从 56 bit 的主密钥中得出一个唯一的轮次密钥，经验证采用的 16 次迭代扩散已能满足安全要求。在加密过程中输入的 64 bit 原始数据被转换成 64bit 被置换完全打乱了的输出数据，在解密时可以用解密算法将其转换回原来的状态。

DES 加、解密过程如图 4.14 所示。

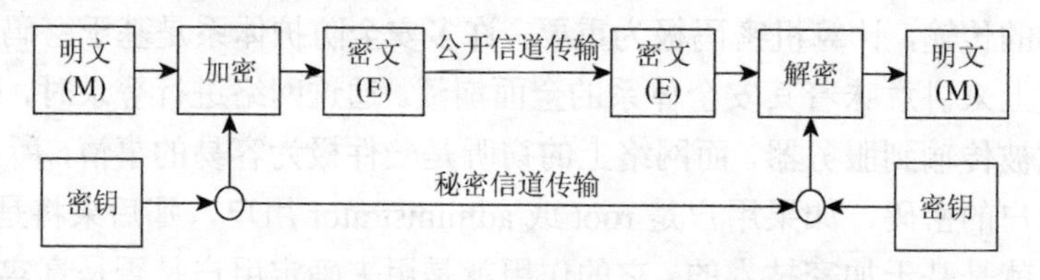

图 4.14 DES 加、解密过程示意图

IDEA 加密算法是由中国学者朱学嘉博士和著名的密码学家 James Massey 于 1990 年提出，后经修改于 1992 年最后完成。它的明文块与密文块都是 128 bit。算法如下简要描述：64 bit 数据块分成 4 个子块，每一子块 16 bit，令这些子块为 X_1，X_2，轮迭代都是 4

个子块彼此间以 16 bit 的子密钥进行异或，mod（216）做逻辑加运算，mod（216 + 1）做逻辑乘运算。

2. 公开密钥加密

公开密钥加密最主要的特点就是加密和解密使用不同的密钥，每个用户保存着一对密钥：公开密钥 PK 和秘密密钥 SK，因此，公开密钥加密又称为双钥或非对称密钥密码体制。在这种体制中，PK 是公开信息，用作加密密钥，而 SK 需要由用户自己保密，用作解密密钥。加密算法和解密算法也都是公开的。虽然 SK 与 PK 是成对出现，但却不能根据 PK 计算出 SK。在公开密钥密码体制中，最有名的一种是 RSA 体制，它已被推荐为公开密钥数据加密的标准。RSA 算法是公开密钥密码体制中的一种比较成熟的加密算法，是 1976 年由 Diffie，Hellman 和 Merkle 等人提出来，1978 年由麻省理工学院 Rivest，Shamir 和 Adleman 等人研制出来的。RSA 加、解密过程如图 4.15 所示。

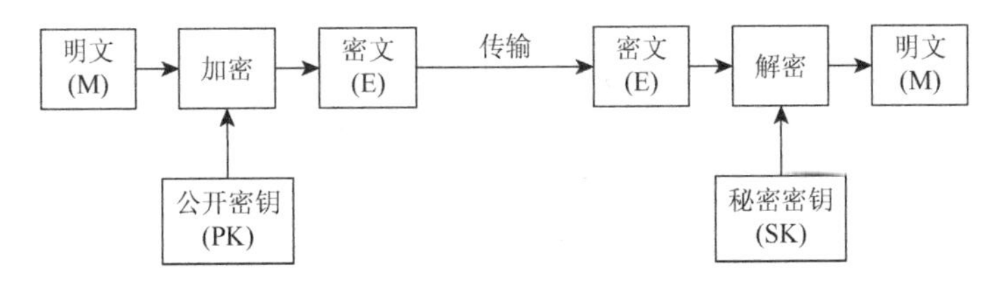

图 4.15　RSA 加、解密过程示意图

RSA 也属于分组加密算法，它使用 2 个密钥，密钥长度从 40 bit 到 2048 bit 可变，加密时把明文分割成长度小于密钥长度的块，RSA 算法把每一块明文转化为与密钥长度相同的密文块。密钥越长，加密效果越好，但开销也随之增大，所以要在安全与性能之间折中考虑，实际应用中一般采用 64 bit 密钥。RSA 算法的体制构造是基于数论的欧拉定理，产生公开密钥和秘密密钥的方法如下。

（1）取 2 个互异的大素数 p 和 q，p 和 q 是保密的。

（2）计算 $n = pq$，$\phi(n) = (p-1)(q-1)$，式中，n 为公开；$\phi(n)$ 为保密。

（3）随机选取整数 e，且 e 与 $\phi(n)$ 互为素数，可以找出另一个值 d，满足 $ed \equiv 1 (\bmod \phi(n))$。

（4）（n，e）和（n，d）这两组数即分别为公开密钥和秘密密钥。对于明文 M，用公钥（n，e）加密可得到密文 C，$C = Me$mod（n）；对于密文 C，用私钥（n，d）解密可得到明文 M，$M = Cd$mod（n）。

3. 高级加密标准 AES

DES 体制在现代高速计算机上用穷举法强力攻击寻求密钥已不再是不可能的，对 RSA 体制而言，如果找到把一乘积数分解为两个大素数的快速算法，则该体制即被击破，而作为高级加密体制提出来的 AES 就成了加密技术的最佳解决方案。美国国家标准和技术研究所（Nation Znstitute of Standards and Technology，NIST）发起征集 AES 算法的活动，其目的就是为了确定一个公开的、免费使用的全球标准的加密算法。经过几轮严格测评和筛选，NIST 正式确定两位比利时密码学家 Joan Daemen 和 Vincent Rijmen 提交的 Rijndael 算法为入选算法。Rijndael 算法是一个迭代分组加密算法，其分组长度和密钥长度都是可变的，为了满足 AES 的要求，分组长度为 128 bit，密钥长度可以为

128/192/256 bit，比较而言，其密钥空间比 DES 的要大的多，相应的转换操作轮数为 10/12/14。Rijndael 算法的原形是 Square 算法，它的设计策略是宽轨迹策略（wide trailstrategy）。宽轨迹策略是针对差分分析和线性分析提出的，它可以给出算法的最佳差分特征的概率以及最佳线性逼近的偏差界限，由此可以分析算法抗击差分密码分析及线性密码分析的能力。

Rijndael 算法在整体结构上采用的是代替/置换网络，多轮迭代，每一轮由三层组成：非线性层、线性混合层和密钥加层。

（1）线性混合层。进行 Subbyte 转换，即在状态中每个字节进行非线性字节转换，确保多轮之上的高度扩散。

（2）非线性层。进行 Shiftrow 运算和 Mixcolumn 运算，它是由 16 个 *S*-盒并置而成，起到混淆的作用。*S*-盒选取的是有限域 GF（28）中的乘法逆运算，它的差分均匀性和线性偏差都达到了最佳。

（3）密钥加层。进行 Add roun key 运算，子密钥与状态对应字节异或。

Rijndael 解密算法的结构与加密算法的结构相同，其变换为加密算法变换的逆变换。算法分析结果显示，7 轮以上的 Rijndael 对"Square"攻击是免疫的；Rijndael 的 4 轮、8 轮最佳差分特征的概率及最佳线性逼近的偏差均较低。Rijndael 在数据块和密钥长度的设计上也很灵活，算法可提供不同的迭代次数，综合这些，Rijndael 算法最终成为 AES 的合适选择。

4.5.3 加密技术在网络中的应用及发展

随着网络互联技术的发展，信息安全必须系统地从体系结构上加以考虑，开放系统互联（open systern interconnection，OSI）参考模型的七层协议体系结构的提出，最终确定了网络环境的信息安全框架，在 OSI 不同层次可以采用不同的安全机制来提供不同的安全服务。网络加密也是网络信息安全的基本技术之一，理论上数据加密可以在 OSI 的任意一层实现，实际应用中加密技术主要有链路加密、节点加密和端对端加密等三种方式，它们分别在 OSI 不同层次使用加密技术。

链路加密通常用硬件在物理层实现，加密设备对所有通过的数据加密，这种加密方式对用户是透明的，由网络自动逐段依次进行，用户不需要了解加密技术的细节，主要用以对信道或链路中可能被截获的部分进行保护。链路 201 加密的全部报文都以明文形式通过各节点的处理器，在节点数据容易受到非法存取的危害。节点加密是对链路加密的改进，在协议运输层上进行加密，加密算法要组合在依附于节点的加密模块中，所以明文数据只存在于保密模块中，克服了链路加密在节点处易遭非法存取的缺点。网络层以上的加密，通常称为端对端加密，端对端加密是把加密设备放在网络层和传输层之间或在表示层以上对传输的数据加密，用户数据在整个传输过程中以密文的形式存在，不需要考虑网络低层，下层协议信息以明文形式传输，由于路由信息没有加密，易受监控分析。不同加密方式在网络层次中侧重点不同，网络应用中可以将链路加密或节点加密同端到端加密结合起来，可以弥补单一加密方式的不足，从而提高网络的安全性。

网络加密根据需要也会采用不同的加密算法，网络安全中通常采用组合密码技术来强化加密算法，可大大增强算法的安全性，例如，采用常规密钥加密算法与公开密钥加密算法组合，即加密和解密数据用单密钥密码算法（如 DES/IDEA），而采用 RSA 双密钥密码来传递会话密钥，就充分发挥对称密码体制的高速简便性和非对称密码体制密钥管理的方便和安全性。混合加密具体实现过程如图 4.16 所示。

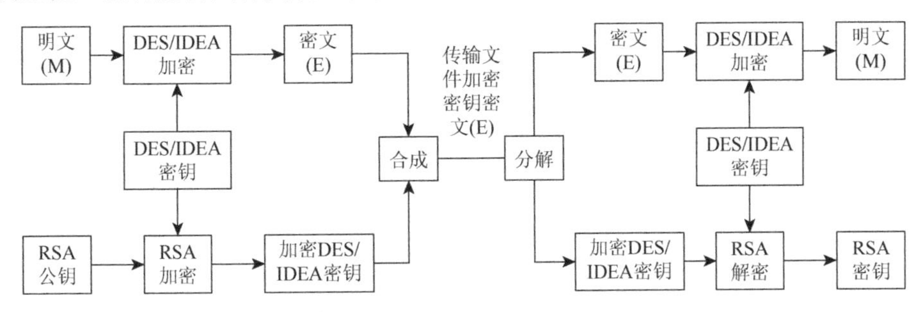

图 4.16　混合加密示意图

混合加密方式兼有两种密码体制的优点，既解决了密钥管理的困难，又解决了加、解密速度的问题，从而构成了一种理想的密码方式并得到广泛的应用，其典型是 PGP（pretty good private）系统。

随着社会生活的日益信息化，公共数据网中信息的安全传输成了人们普遍关注和重视的研究领域。随着网络技术的发展及网络安全研究的发展，数据加密技术作为实现网络环境下数据安全的重要手段之一。

第 5 章 RFID 系统的中间件技术

5.1 中间件技术简介

5.1.1 为什么要中间件

计算机技术迅速发展，硬件技术方面，CPU 速度越来越高，处理能力越来越强；软件技术方面，应用程序的规模不断扩大，特别是 internet 及 WWW 的出现，使计算机的应用范围更为广阔，许多应用程序需在网络环境的异构平台上运行。这一切都对新一代的软件开发提出了新的需求。在这种分布异构环境中，通常存在多种硬件系统平台（例如 PC 工作站，小型机等），在这些硬件平台上又存在各种各样的系统软件（例如，不同的操作系统、数据库、语言编译器等），以及多种风格各异的用户界面，这些硬件系统平台还可能采用不同的网络协议和网络体系结构连接。如何把这些系统集成起来并开发新的应用是一个非常现实而困难的问题。

中间件在实际的应用过程中，对应用软件起到支撑作用，最终用户并不直接使用中间件，它不是大众消费类软件产品。因此，除非是行业专业人士，用户不太了解什么是中间件。因此，在系统软件之中，操作系统、数据库、中间件这“三驾马车”，中间件是最“神秘”。本章将就中间件的来龙去脉、外延内涵，作一个全面的阐释。

5.1.2 中间件的起源

1. 中间件发展的历史

1946 年，世界上第一台电子计算机“埃尼阿克”诞生，人类进入信息时代。1955 年，约翰·巴克斯发明了最早的程序语言 Fortran，现代意义上的软件就诞生了。

1964 年，IBM 发布 OS/360 操作系统，软件与硬件分离，同时，软件成为一个独立的产业正式登上产业界的舞台。中间件就是软件产业不断发展过程中自然产生的。

1968 年，IBM 发布交易事务控制系统（customer information control system，CICS），使得应用软件与系统服务分离，这是中间件技术萌芽的标志，因为 CICS 还不是分布式环境的产物，因此我们通常还不将 CICS 作为正式的中间件系统。

20世纪90年代，Vinton ceff这位互联网之父的发明成为改变IT业的重大革命性创新。互联网促使分布式系统和网络应用的诞生，中间件就是伴随网络技术的产生、发展而兴起的，可以说没有网络就没有现代意义上的中间件。因为，网络环境需要解决异构分布网络环境下软件系统的通信、互操作、协同、事务、安全等共性问题，提高异构分布网络环境下软件系统的互操作性、可移植性、适应性、可靠性等。

一般来说，我们将1990年诞生于AT&T公司Bell实验室的Tuxedo系统（后来被Novell从AT&T公司随着Unix系统收购，出售给BEA公司，现在归于Oracle公司旗下了）作为中间件的诞生标志。Tuxedo解决了分布式交易事务控制问题，中间件开始成为网络应用的基础设施，中间件正式成型，这是最早的交易中间件。

1994年IBM发布消息队列服务MQ系列产品，解决分布式系统异步、可靠、传输的通信服务问题，消息中间件诞生。

1995年，Java之父James Gosling发明Java语言，Java提供了跨平台的通用的网络应用服务，成为今天中间件的核心技术。Java是一个天生的网络应用平台，特别是J2EE发布以来，Java从一个编程语言，演变为网络应用架构，成为应用服务平台的事实标准。应用服务器中间件，成为中间件技术的集大成者，也成为事实上的中间件的核心。

2001年，微软发布.NET，中间件演变为.NET和Java两大技术阵营。但由于.NET还不是一个完全开放的技术体系，只有一个玩家，因此，虽然.NET也是一种中间件，但由于IBM/Oracle/SUN/SAP等巨头都无一例外成了Java阵营的支持者，因此，我们习惯上提到中间件时，往往不包括.NET中间件体系。

以上谈的是历史，但透过历史事实背后，我们会问，为什么会出现中间件，这其中的本质因素是什么?

2. 中间件发展的驱动力

中间件出现的驱动力主要来自软件研发过程碰到的种种问题。软件出现最早是用于科学计算，然后是计算机辅助设计、辅助制造等工业应用。在企业管理领域大规模应用后，业务需求不断变化、系统不断增加、流程更复杂、系统越来越不堪重负，出现了需求交付方面的重大挑战，以至于人们用“软件危机”来描述软件工业所面临的困境。

总结起来，软件工业面临的主要问题是四个方面：质量问题；效率问题；互操作问题；灵活应变问题。这些问题今天依然困扰着这个行业，造成这个局面的原因是异构性和标准规范的滞后。

1）屏蔽异构性

异构性表现为计算机软硬件之间的异构性，包括硬件（CPU、指令集、硬件结构、驱动程序等）、操作系统（不同操作系统的API和开发环境）、数据库（不同的存储和访问格式）等。长期以来，高级语言依赖于特定的编译器和操作系统API来编程，而它们是不兼容的，因此软件必须依赖于开发和运行的环境。

造成异构的原因源自市场竞争、技术升级以及保护投资等因素。希望屏蔽异构平台的差异性问题是促成中间件发展的驱动力之一。

2）实现互操作

因为异构性，产生的结果是软件依赖于计算环境，使得各种不同软件在不同平台之间不能移植，或者移植非常困难。而且，因为网络协议和通信机制的不同，这些系统之间还不能有效地相互集成。

造成互操作性不好的原因，主要是标准的滞后。解决软件之间的互操作性问题也是促成中间件发展的驱动力之一。

3）共性凝练和复用

软件应用领域越来越多，相同领域的应用系统之间许多基础功能和结构是有相似性的，每次开发系统都从零开始绝对不是一种好的方法，也是对质量和效率的很大的伤害。尽可能多地凝练共性并复用以提高软件开发效率和质量，通过中间件，通过提供简单、一致、集成的开发和运行环境，简化分布式系统的设计、编程和管理，这也是中间件发展的重要驱动力。

在长期的探索过程中，解决软件的四个问题的办法总结起来有两个方面：工程方法、平台与技术。

工程方法就是用工业工程、系统工程的理论、方法和体系来解决软件研发过程中的管理问题，包括团队管理、项目管理、质量控制等，这就是软件工程。除了软件工程之外，我们发明了更多的架构规划、设计和实施的方法，不断累积领域的知识与经验。

更好的技术手段，包括更好的程序设计语言、更好的平台和软件开发技术，例如面向对象、组件开发、面向服务事。这方面，在技术上逐渐发展的成果大部分都凝聚在今天的中间件平台之中。而这些更好的技术手段，从本质上是通过复用、松耦合、互操作（标准）等机制来提高软件质量、加快软件研发效率、使研发出来的产品能够相互集成并灵活适应变化。

这些因素逐渐促成了中间件软件的形成和发展。

5.1.3 中间件的概念

讲了这么多，究竟什么是中间件，也就是中间件的定义是什么？

针对这个问题，应该说还没有一个标准的答案，或者说还没有完全取得学术界和产业界的共识。

顾名思义，中间件（middleware）就是处于中间的软件。但这种不是从功能或者特性来定义的概念，而是用“位置”来定义的名字，就容易被不同的人从不同角度赋予其不同的含义。

互联网数据中心（internet data center，IDC）曾经给中间件下的定义是“中间件是一种独立的系统软件或服务程序，分布式应用软件借助这种软件在不同的技术之间共享资源，中间件位于客户机服务器的操作系统之上，管理计算资源和网络通信”。

我国学术界一般认可的定义是“中间件是指网络环境下处于操作系统、数据库等系统软件和应用软件之间的一种起连接作用的分布式软件，主要解决异构网络环境下分布式应用软件的互联与互操作问题，提供标准接口、协议，屏蔽实现细节，提高应用系统易移植性”。

中科院软件所研究员仲萃豪形象地把中间件定义为“平台+通信”。这个定义限定了只有用于分布式系统中的此类软件才能被称为中间件，同时此定义还可以把中间件与支撑软件和实用软件区分开来。

中间件处于操作系统软件与用户的应用软件的中间。中间件在操作系统、网络和数据库之上，应用软件之下，总的作用是为处于自己上层的应用软件提供运行与开发的环境，帮助用户灵活、高效地开发和集成复杂的应用软件，形象地说就是“上下”之间的“中间”。

此外，中间件主要为网络分布式计算环境提供通信服务、交换服务、语义互操作服务等系统之间的协同集成服务，解决系统之间的互联互通问题，形象地说就是所谓“左右”之间的“中间”。

要深入理解什么是中间件，形式化的定义固然重要，我们还得从概念本身去深入理解其核心特征才是最重要的。要理解一个概念，从内涵和外延两个方面去描述是哲学上非常重要的一套方法体系。

1. 中间件的特征（内涵）

中间件有几个非常重要的特征是必须具备的。

1）平台化

所谓“平台”就是能够独立运行并自主存在，为其所支撑的上层系统和应用提供运行所依赖的环境。显然，不是所有的系统或者应用都可以称之为平台的。中间件是一个平台，因此中间件是必须独立存在，是运行时刻的系统软件，它为上层的网络应用系统提供一个运行环境，并通过标准的接口和API来隔离其支撑的系统，实现其独立性，也就是平台性。

因此，目前许多的开发语言、组件库和各种报表设计之类的软件，很难满足平台性，将这类软件叫中间件，是很不合适的。例如，Java是一种语言，这种语言的开发工具和开发框架，如Eclipse，JBuilder，Struts，Hibernate等就不能称为中间件，充其量叫“中间件开发工具”，而不能叫中间件本身，就如同各种建筑工程设备和机械，例如吊臂、搅拌机等不能叫建筑，而只能成为建筑工具一样。而J2EE应用服务器提供Java应用的运行环境，就是经典的中间件。

2）应用支撑

中间件的最终目的是解决上层应用系统的问题，而且也是软件技术发展到今天对应用软件提供最完善彻底的解决方案。

高级程序设计语言的发明，使得软件开发变成一个独立的科学和技术体系，而操作系统平台的出现，使得应用软件通过标准的API接口，实现了软件与硬件的分离。

现代面向服务的中间件在软件的模型、结构、互操作以及开发方法等四个方面提供了更强的应用支撑能力。

模型：构件模型弹性粒度化，即通过抽象层度更高的构件模型，实现具备更高结构独立性、内容自包含性和业务完整性的可复用构件，即服务，并且在细粒度服务基础上，提供了粗粒度的服务封装方式，即业务层面的封装，形成业务组件，就可以实现从组件模型到业务模型的全生命周期企业建模的能力。

结构：结构松散化，即将完整分离服务描述和服务功能实现以及服务的使用者和提供者，从而避免分布式应用系统构建和集成时常见的技术、组织、时间等不良约束。

互操作：交互过程标准化，即将与互操作相关的内容进行标准化定义，例如服务封装、描述、发布、发现、调用等契约，通信协议以及数据交换格式等，最终实现访问互操作、连接互操作和语义互操作。

开发集成方法：应用系统的构建方式由代码编写转为主要通过服务间的快捷组合及编排，完成更为复杂的业务逻辑的按需提供和改善，从而大大简化和加速应用系统的搭建及重构过程。

而要最终解决软件的质量、效率、互操作、灵活应变这四大问题，需要在软件技术的内在结构（structure）、架构（architecture）层面进行思考。

解决这些问题，技术的本质是复用、松耦合、互操作（标准）等软件技术的内在机制，这也是中间件技术和产品的本质特征。

3）软件复用

软件复用，即软件的重用，也叫再用，是指同一事物不做修改或稍加改动就多次重复使用。从软件复用技术的发展来看，就是不断提升抽象级别，扩大复用范围。最早的复用技术是子程序，人们发明子程序，就可以在不同系统之间进行复用了。但是，子程序是最原始的复用，因为这种复用范围是一个可执行程序内复用，静态开发期复用，如果子程序修改，意味着所有调用这个子程序的程序必须重新编译、测试和发布。常见的复用对象及其复用范围见表 5.1。

表 5.1　软件复用范围

复用对象	复用范围
子程序	一个可执行程序内复用，静态开发期复用
组件	系统内复用动态运行期复用
企业对象组件	企业网络内复用，不同系统间复用

4）服务

不同企业之间（如 WebService，SCA/SDO），全球复用，动态可配置。

为了解决这个问题，发明了组件（或者叫控件），例如 MS 操作系统下的 DLL 组件。组件将复用提升了一个层次，因为组件可以在一个系统内复用（同一种操作系统），而且是动态、运行期复用。这样组件可以单独发展，组件与组件调用者之间的耦合度降低。

为解决分布式网络计算之间的组件复用，人们发明了企业对象组件（例如 com +，.NET，EJB 等），或者叫分布式组件。通过远程对象代理，来实现企业网络内复用，不同系统之间复用。

传统中间件的核心是组件对象的管理，但分布式组件也是严重依赖其受控环境，由于构件实现和运行支撑技术之间存在着较大的异构性，不同技术设计和实现的构件之间无法直接组装式复用。而现代中间件的发展重要趋势就是以服务为核心，例如 WebService，

SCA/SDO 等。通过服务，或者服务组件来实现更高层次的复用、解耦合互操作，即面向服务架构（service oriented architecture，SOA）架构中间件。

服务通过服务组件之间的组装、编排和重组，来实现服务的复用。而且这种复用，可以在不同企业之间，全球复用，达到复用的最高级别，并且是动态可配置的复用。

5）耦合关系

基于 SOA 架构的中间件，在松耦合解耦过程也发展到了最后的程度。传统软件将软件之中核心三部分网络连接、数据转换、业务逻辑全部耦合在一个整体之中，形成"铁板一块"的软件，"牵一发而动全身"，软件就难以适应变化。分布式对象技术将连接逻辑进行分离，消息中间件将连接逻辑进行异步处理，增加了更大的灵活性。消息代理和一些分布式对象中间件将数据转换也进行了分离。而 SOA 架构，通过服务的封装，实现了业务逻辑与网络连接、数据转换等进行完全的解耦。

6）互操作性

传统软件互操作技术也存在问题。互联网前所未有的开放性意味着各节点可采用不同的中间件技术，对技术细节进行了私有化的约束，构件模型和架构没有统一标准，从而导致中间件平台自身在构件描述、发布、发现、调用、互操作协议及数据传输等方面呈现出巨大的异构性。各种不良技术约束的结果是软件系统跨互联网进行交互变得困难重重，最终导致了跨企业/部门的业务集成和重组难以灵活快速地进行。

在软件的互操作方面，传统中间件只是实现了访问互操作，即通过标准化的 API 实现了同类系统之间的调用互操作，而连接互操作还是依赖于特定的访问协议。而 SOA 通过标准的、支持 Internet、与操作系统无关的 SOAP（simple object access protocd，简单对象访问协议）协议实现了连接互操作。而且，服务的封装采用 XML 协议，具有自解析和自定义的特性，这样，基于 SOA 的中间件还可以实现语义互操作。

2. 基于服务的中间件

服务化体现的是中间件在完整业务复用、灵活业务组织方面的发展趋势，其核心目标是提升 IT 基础设施的业务敏捷性。因此，中间件将成为 SOA 的主要实现平台。

中间件所包括的范围十分广泛，针对不同的应用需求涌现出多种各具特色的中间件产品。从功能性外延来看，中间件包括交易中间件、消息中间件、集成中间件等各种功能性的中间件技术和产品。

现在，中间件已经成为网络应用系统开发、集成、部署、运行和管理必不可少的工具。由于中间件技术涉及网络应用的各个层面，涵盖从基础通信、数据访问到应用集成等众多的环节，因此，中间件技术呈现出多样化的发展特点。

根据中间件在软件支撑和架构的定位来看，基本上可以分为三大类产品：应用服务类中间件、应用集成类中间件、业务架构类中间件。

1）应用服务类中间件

为应用系统提供一个综合的计算环境和支撑平台，包括对象请求代理（ORB）中间件、事务监控交易中间件、Java 应用服务器中间件等。

随着对象技术与分布式计算技术的发展，两者相互结合形成了分布对象计算，并发展为当今软件技术的主流方向。1990 年底，对象管理组织 OMG 首次推出对象管理结构

（object management architecture，OMA），对象请求代理（object management group，ORB）是这个模型的核心组件。它的作用在于提供一个通信框架，透明地在异构的分布计算环境中传递对象请求。公共对象请求代理体系结构（common object request broker architecture，CORBA）规范包括了 ORB 的所有标准接口，是对象请求代理的典型代表。

随着分布计算技术的发展，分布应用系统对大规模的事务处理提出了需求，例如商业活动中大量的关键事务处理。事务处理监控界于 client 和 server 之间，进行事务管理与协调、负载平衡、失败恢复等，以提高系统的整体性能，它可以被看成是事务处理应用程序的“操作系统”。这类被称为交易中间件，适用于联机交易处理系统，主要功能是管理分布于不同计算机上的数据的一致性，保障系统处理能力的效率与均衡负载。交易中间件所遵循的主要标准是 X/open DTP 模型，典型的产品是 Tuxedo。

Java 自 2.0 企业版之后，不仅是一种编程语言，而且演变为一个完整的计算环境和企业架构，为 Java 应用提供组件容器，用来构造 internet 应用和其他分布式构件应用，是企业实施电子商务的基础设施。这种应用服务器中间件发展到为企业应用提供数据访问、部署、远程对象调用、消息通信、安全服务、监控服务、集群服务等强化应用支撑的服务，使得 Java 应用服务器成为事实上的应用服务器工业标准。由于它的开放性，使得交易中间件和对象请求代理逐渐融合到应用服务器之中。典型的应用服务器产品包括 IBM Websphere Application Server、Oracle Weblogic Application Server 和金蝶 Apusic Application Server 等。

2）应用集成类中间件

应用集成类中间件是提供各种不同网络应用系统之间的消息通信、服务集成和数据集成的功能，包括常见的消息中间件、企业集成 EAI、企业服务总线以及相配套的适配器等。

消息中间件指的是利用高效可靠的消息传递机制进行平台无关的数据交流，并基于数据通信来进行分布式系统的集成。通过提供消息传递和消息排队模型，它可在分布环境下扩展进程间的通信，并支持多通信协议、语言、应用程序、硬件和软件平台，实现应用系统之间的可靠异步消息通信，能够保障数据在复杂的网络中高效、稳定、安全、可靠的传输，并确保传输的数据不错、不重、不漏、不丢。目前流行的消息中间件产品有 IBM 的 MQ Series、BEA 的 Message Q、金蝶 Apusic MQ 等。

企业应用整合，仅指企业内部不同应用系统之间的互联，以期通过应用整合实现数据在多个系统之间的同步和共享。这种类似集线器的架构模式是在基于消息的基础上，引入了“前置机-服务器”的概念，使用一种集线器/插头（hub-and-spoke）的架构，将消息路由信息的管理和维护从前置机迁移到了服务器上，巧妙地把集成逻辑和业务逻辑分离开来，大大增加了系统弹性。由于前置机和服务器之间不再直接通信，每个前置机只通过消息和服务器之间通信，将复杂的网状结构变成了简单的星形结构。典型的企业应用集成 EAI 的产品包括 Tibico 和 Informatica 等公司产品。

随着 SOA 思想和技术的逐渐成熟，EAI 发展到透过业务服务的概念来提供 IT 的各项基本应用功能，让这些服务可以自由地被排列组合、融会贯通，以便在未来能随时弹性配合新的需求而调整。Web Services 是 SOA 的一种具体实现方式，SOA 的世界是由服务提供者（service provider）、服务请求者（service requester）以及服务代理者（service broker）所组成，目标是将所有具备价值的 IT 资源，不论是旧的或新的，通通都能够透过 Web Services 的包装，成为随取即用的 IT 资产，并可将各种服务快速整合，开发出组合式应用，达到“整合即开发”的目的。SOA 的架构只是实现和解决了服务模块间调用的互操作问题，为了更好地服务于企业应用，引入了企业服务总线的应用架构（enterprise service bus，ESB）。这一构架是基于消息通信、智能路由、数据转换等技术实现的。ESB 提供了一个基于标准的松散应用耦合模式，这就是企业服务总线中间件，是一种综合的企业集成中间件。典型的 ESB 产品包括 IBM Websphere ESB、Oracle 公司的 Weblogic ESB 以及金蝶 Apusic ESB 等。

3）业务架构类中间件

作为共性的凝练，中间件不仅要从底层的技术入手，将共性技术的特征抽象进中间层，还要更多地把目光投向到业务层面上来，根据业务的需要，驱动自身能力不断演进，即不断出现的新的业务需要驱动了应用模式和信息系统能力的不断演进，进而要求中间件不断地凝练更多的业务共性，提供针对性支撑机制。近年来，这一需求趋势愈发明显，越来越多的业务和应用模式被不断地抽象进入中间件的层次，例如，业务流程流、业务模型、业务规则、交互应用等，其结果是中间件凝练的共性功能越来越多，中间件的业务化和领域化的趋势非常明显。

业务架构类中间件包括业务流程、业务管理和业务交互等几个业务领域的中间件。

业务流程是处理业务模型的非常重要的方法。管理流程与各职能部门和业务单元有密切关系，须各部门间紧密协调，以达到企业运营和管理功能的目标。在业务流程支持方面，从早期的工作流管理联盟定义的工作流，到基于服务的业务流程规范业务过程执行语言（business process exection language，BPEL），将业务流程的支撑，逐渐形成了完整的业务流程架构模型，包括流程建模、流程引擎、流程执行、流程监控和流程分析等。有名的业务流程中间件包括基于工作流的 IBM Lotus Workflow，基于 BPEL 的 IBM Webshpere Process Server 以及同时支持工作流和 BPEL 的金蝶 Apusic BPM 等。

业务管理就是对业务对象的建模和业务规则的定义、运行和监控的中间件平台。策略管理员和开发人员将业务逻辑捕获为业务规则，使用规则管理器可以将规则轻松地嵌入 Web、现有应用程序和后台办公应用程序。常见的业务管理中间件包括 IBM Websphere ILOG 业务规则管理系统、金蝶 BOS 等。

业务交互的中间件平台提供组织的合作伙伴、员工和客户通过 WEB 和移动设备等交互工具，实现基于角色、上下文、操作、位置、偏好和团队协作需求的个性化的用户体验。这种门户服务器软件基于标准 Portlet 组合的应用程序访问框架，实现用户集成和交互集成，构建灵活、基于 SOA 的应用架构。典型的门户中间件有 IBM Websphere Portal Server 和金蝶 Apusic Portal Server 等。

5.1.4 中间件的未来

中间件是互联网时代的 IT 基础设施，提供业务的灵活性，消除信息孤岛，提高 IT 的研发和运营效率。作为网络计算的核心基础设施，中间件正呈现出服务化、自治化、业务化、一体化等诸多新的发展趋势，中间件进入2.0时代，将极大提升互联网统一计算平台的“敏、睿、融、和”能力。

中间件将“变宽、变厚”。以互联网为核心的多网融合产生了丰富多样的新型网络应用模式，作为主流的应用运行支撑环境，中间件无处不在，越来越多的应用模式被抽象到中间件层，中间件将“变宽、变厚”。中间件将面向服务、易于集成。随着SOA技术逐渐成为主流，以及异构系统的集成问题日益严峻，中间件将向面向服务、易于集成的方向发展。

中间件将向一体化的方向发展。中间件产品的种类日趋多样（例如交易中间件、消息中间件、应用服务器、集成中间件、业务中间件等），但其技术架构将向一体化的方向发展，主要包括：

（1）统一内核，易于演化。各大厂商的中间件产品将构建在统一内核之上，使其易于平台演化。

（2）统一编程模型，易于开发。不同中间件产品提供了不同的编程模型，这些编程模型将趋向统一，从而达到易于开发的目的。

（3）统一管理模型，易于系统维护。不同中间件产品提供了不同的管理工具与管理手段，这些管理工具与手段将趋向统一，使其易于管理，降低运维成本。

中间件产品将成为云计算的支撑平台，使应用易于交付。

后端平台深度融合。一个大胆的设想是：未来五年，浏览器将统一前端，而后端平台（中间件、操作系统、数据库）将走向深度融合。

综上所述，我们可以认为中间件是一种独立的系统软件平台，为网络应用软件提供综合的服务和完整的计算环境，借助这种软件使得网络应用能够实现集成，达到业务的协同，实现业务的灵活性。

5.2 RFID中间件概述

RFID产业应用的范围覆盖制造、物流、医疗、零售、国防等领域。Gartner Group公司就建议企业可以考虑引入RFID技术，然而其成功之关键除了标签的价格、天线的设计、波段的标准化、设备的认证之外，最重要的是要有关键的应用软件（killer application），才能迅速推广，而中间件可称为是RFID运作的中枢，因为它可以加速关键应用的问世。

5.2.1 什么是RFID中间件

看到目前各式各样RFID的应用，企业最想问的第一个问题是“我要如何将我现有的系统与这些新的RFID读写器连接？”。这个问题的本质是企业应用系统与硬件接口的问题。因此，通透性是整个应用的关键，正确抓取数据、确保数据读取的可靠性，以及有效地将数据传送到后端系统都是必须考虑的问题。传统应用程序与应用程序之间数据通透是通过中间件架构解决，并发展出各种应用软件；同理，中间件的架构设计解决方案便成为RFID应用的一项极为重要的核心技术。

5.2.2 RFID 的三个中间阶段

从发展趋势看，RFID 中间件可分为三个发展阶段。

1. 应用程序中间件（application middleware）发展阶段

RFID 初期的发展多以整合、串接 RFID 读写器为目的，本阶段多为 RFID 读写器厂商主动提供简单 API，以供企业将后端系统与 RFID 读写器串接。以整体发展架构来看，此时企业的导入须自行花费许多成本去处理前后端系统连接的问题，通常企业在本阶段会通过试验性项目方式来评估成本效益与导入的关键议题。

2. 架构中间件（infrastructure middleware）发展阶段

本阶段是 RFID 中间件成长的关键阶段。由于 RFID 的强大应用，沃尔玛与美国国

防部等关键使用者相继进行 RFID 技术的规划并开展相应的试验性项目，促使各国际大厂持续关注 RFID 相关市场的发展。本阶段 RFID 中间件的发展不但已经具备基本数据搜集、过滤等功能，同时也满足企业多对多的连接需求，并具备平台的管理与维护功能。

3. 解决方案中间件（solution middleware）发展阶段

未来在 RFID 标签、读写器与中间件发展成熟过程中，各厂商针对不同领域提出各项创新应用解决方案，例如曼哈顿联合公司（Manhattan Associates）提出“RFID in a box”，企业不需再为前端 RFID 硬件与后端应用系统的连接而烦恼，该公司与 Alien Technology Corp 在 RFID 硬件端合作，发展以 Microsoft. Net 平台为基础的中间件，针对该公司 900 家的已有供应链客户群发展 supply chain execution（SCE）Solution，原本使用 Manhattan Associates SCE Solution 的企业只需通过“RFID in a box”，就可以在原有应用系统上快速利用 RFID 来加强供应链管理的透明度。

5.2.3 RFID 中间件两个应用方向

随着硬件技术逐渐成熟，庞大的软件市场商机促使国内外信息服务厂商莫不持续注意与提早投入，RFID 中间件在各项 RFID 产业应用中居于神经中枢，特别受到国际大厂的关注，未来在应用上可朝下列方向发展。

1. 基于面向服务的架构为基础的 RFID 中间件

面向服务的架构（SOA）的目标就是建立沟通标准，突破应用程序对应用程序沟通的障碍，实现商业流程自动化，支持商业模式的创新，让 IT 变得更灵活，从而更快地响应需求。因此，RFID 中间件在未来发展上，将会以面向服务的架构为基础的趋势，提供企业更弹性灵活的服务。

2. 安全基础设施

RFID 应用最让外界质疑的是 RFID 后端系统所连接的大量厂商数据库可能引发的商业信息安全问题，尤其是消费者的信息隐私权。通过大量 RFID 读写器的布置，人类的生活与行为将因 RFID 而容易追踪，Wal Mart、Tesco（英国最大零售商）初期 RFID Pilot Project 都因为用户隐私权问题而遭受过抵制与抗议。为此，飞利浦半导体等厂商已经开始在批量生产的 RFID 芯片上加入“屏蔽”功能。RSA Security 也发布了能成功干扰 RFID 信号的技术“RSA blocker 标签”，通过发射无线射频扰乱 RFID 读写器，让 RFID 读写器误以为

搜集到的是垃圾信息而错失数据，达到保护消费者隐私权的目的。目前 Auto-ID Center 也正在研究安全机制以配合 RFID 中间件的工作。相信安全将是 RFID 未来发展的重点之一，也是成功的关键因素。

5.2.4 RFID 中间件的原理

RFID 中间件是一种面向消息的中间件（message oriented middleware，MOM），信息（information）是以消息的形式，从一个程序传送到另一个或多个程序。信息可以以异步（asynchronous）的方式传送，所以传送者不必等待回应。面向消息的中间件包含的功能不仅是传递信息，还必须包括解译数据、安全性、数据广播、错误恢复、定位网络资源、找出符合成本的路径、消息与要求的优先次序以及延伸的除错工具等服务。

5.2.5 RFID 中间件的分类

RFID 中间件可以从架构上分为两种：

以应用程序为中心（application centric）。它的设计概念是通过 RFID 读写器厂商提供的 API，以热代码（hot code）方式直接编写特定读写器读取数据的适配器（adapter），并传送至后端系统的应用程序或数据库，从而达成与后端系统或服务串接的目的。

以架构为中心（infrastructure centric）。随着企业应用系统的复杂度增高，企业无法负荷以热代码方式为每个应用程式编写适配器，同时面对对象标准化等问题，企业可以考虑采用厂商所提供标准规格的 RFID 中间件。这样一来，即使存储 RFID 标签情报的数据库软件改由其他软件代替，或读写 RFID 标签的 RFID 读写器种类增加等情况发生时，应用端不做修改也能应付。

5.2.6 RFID 中间件的特征

一般来说，RFID 中间件具有下列的特征：

独立于架构（insulation infrastructure）。RFID 中间件独立并介于 RFID 读写器与后端应用程序之间，并且能够与多个 RFID 读写器以及多个后端应用程序连接，以减轻架构与维护的复杂性。

数据流（data flow）。RFID 的主要目的在于将实体对象转换为信息环境下的虚拟对象，因此数据处理是 RFID 最重要的功能。RFID 中间件具有数据的搜集、过滤、整合与传递等特性，以便将正确的对象信息传到企业后端的应用系统。

处理流（process flow）。RFID 中间件采用程序逻辑及存储再转送（store-and-forward）的功能来提供顺序的消息流，具有数据流设计与管理的能力。

标准（standard）。RFID 为自动数据采样技术与辨识实体对象的应用。EPC Global 目前正在研究为各种产品的全球唯一识别号码提出通用标准，即 EPC。EPC 是在供应链系统中，以一串数字来识别一项特定的商品，通过无线射频辨识标签由 RFID 读写器读入后，传送到计算机或是应用系统中的过程，称为对象命名服务（object name service，ONS）。对象命名服务系统会锁定计算机网络中的固定点抓取有关商品的信息。EPC 存放在 RFID

标签中，被 RFID 读写器读出后，即可提供追踪 EPC 所代表的物品名称及相关信息，并立即识别及分享供应链中的物品数据，有效率地提供信息透明度。

5.2.7 如何将现有的系统与新的 RFID 读写器连接

面对各种 RFID 的应用，用户的首要问题是“如何将现有的系统与新的 RFID 读写器连接？”

事实上，这个问题的本质是用户应用系统与硬件接口的问题。在 RFID 应用中，通透性是整个应用的关键，正确抓取数据、确保数据读取的可靠性，以及有效地将数据传送到后端系统都是必须考虑的问题。传统应用程序之间的数据通透是通过中间件架构来解决的，并由此发展出各种应用软件。

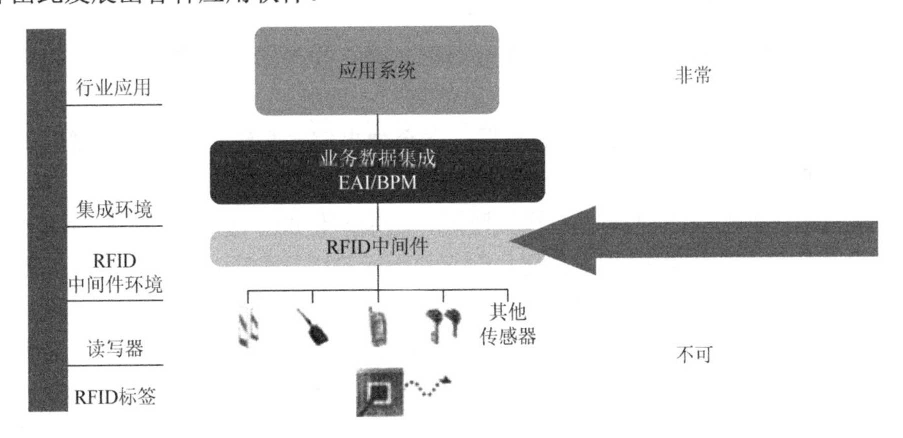

图 5.1 中间件在系统中的作用及位置

通过 RFID 中间件的承上启下作用，RFID 系统的布署中，软件系统与硬件系统就可以同时实施开发布署。同时 RFID 中间件对于上层的应用服务来说，屏蔽了底层设备的操作，让系统运行不依赖于特定的设备。另一方面，中间件也让底层设备不受应用服务变更的影响。做到了软硬独立。

5.3 RFID 中间件在 RFID 系统中的作用和功能

RFID 中间件就是在企业应用系统和 RFID 信息采集系统间数据流入和数据流出的软件，是连接 RFID 信息采集系统和企业应用系统的纽带，使企业用户能够将采集的 RFID 数据应用到业务处理中。RFID 中间件扮演 RFID 标签和应用程序之间的中介角色，这样一来，即使存储 RFID 标签信息的数据库软件或后端发生变化，例如，应用程序增加、改由其他软件取代或者读写 RF1D 读写器种类增加等情况发生时，应用端不需修改也能处理，省去多对多连接的维护复杂性问题。

5.3.1 RFID 系统架构简介

射频识别技术，是一种利用射频通信实现的非接触式自动识别技术。目前，利用

EPC、RFID 通信技术，可实现全球物品跟踪与信息共享的物联网。这将在全球范围从根本上改变对产品生产、运输、仓储、销售各环节物品流动监控和动态协调的管理水平。

1. RFID 系统的典型结构

射频系统两个主要部分——读写器和射频卡之间通过无线方式通信，它们都有无线收发模块及天线（或感应线圈）。射频卡中有存储器，用来存储用户数据和系统数据等，可根据读写器发出的指令对这些数据进行相应的实时读写操作。控制模块完成接受、译码及执行阅读器命令，控制读写数据，负责数据安全等功能。读写器中控制模块往往有很强的处理功能，除了完成控制射频卡工作的任务外，还需要实现相互认证、数据加密解密、数据校验、出错报警及与计算机的通信等功能。

2. RFID 系统的工作原理

RFID 系统的工作原理：射频卡进入磁场后，接收读写器发出的射频信号，凭借感应电流所获得的能量发送出存储在芯片中产品信息（无源标签），或主动发送某一频率的信号（有源标签）；读写器读取信息并解码后，送至中央信息系统进行有关数据处理。

3. RFID 网络框架结构

无线射频识别网络的框架结构。标签数据经过中间件的分组、过滤等处理上报给应用系统；应用系统负责事件数据的持久化存储，以及标签绑定的业务信息的管理；网络系统由本地网络和全球互联网组成，是实现信息管理、信息流通的功能模块。

EPC 系统的信息网络系统是在全球互联网的基础上，通过 RFID 中间件、对象命名称解析服务（ONS）和 EPC 信息服务（EPC IS）来实现全球“实物互联”。RFID 中间件具有一系列特定属性的“程序模块”或“服务”，并被用户集成以满足他们的特定需求，它是加工和处理来自读写器的所有信息和事件流的软件，是连接读写器和企业应用程序的纽带，主要任务是在将数据送往企业应用程序之前进行标签数据校对、读写器协调、数据传送、数据存储和任务管理。

5.3.2 RFID 中间件技术及其优势

1. RFID 中间件技术概述

中间件是在一个分布式系统环境中处于操作系统和应用程序之间的软件。中间件作为一大类系统软件，与操作系统、数据库孤立系统并称“三驾马车”，其重要性不言而喻。基本的 RFID 系统一般由三部分组成，标签、读写器以及软件。中间件是应用支撑软件的一个重要组成部分，是衔接硬件设备，例如标签、读写器和企业应用软件（例如企业资源规划 ERP、客户关系管理 CRM）等的桥梁。中间件的主要任务是对读写器传来的与标签相关的数据进行过滤、汇总、计算、分组，减少从读写器传往企业应用的大量原始数据，生成加入了语意解释的事件数据，可以说，中间件是 RFID 系统的“神经中枢”。

2. RFID 中间件的实现过程

RFID 中间件位于 RFID 系统和应用系统之间，负责 RFID 系统和应用系统之间的数据传递。解决 RFID 数据的可靠性、安全性及数据格式转换的问题。RFID 中间件和 RFID

系统之间的连接采用 RFID 系统提供的 API（应用程序接口）来实现。RFID 卡中数据经过阅读器读取后，经过 API 程序传送给 RFID 中间件。RFID 中间件对数据处理后，通过标准的接口和服务对外进行数据发布。

3. RFID 中间件的优点

从 RFID 标签制造开始，到其信息被 RFID 读写器捕获，再由 RFID 中间件进行事件过滤和汇总，然后由 EPCIS 应用软件进行 RFID 事件的业务内容丰富，保存：到 EPCIS 的存储系统，供企业自身和其合作伙伴进行访问。

1）标准和规范

在中间的各个环节，EPC Global 出台了相关标准和规范：

RFID 标签和 RFID 读写器之间，定义了 EPC 标签数据规范和标签协议；

RFID 读写器和 RFID 中间件之间，定义了读写器访问协议和管理接口；

RFID 中间件和 EPCIS 捕获应用之间，定义了 RFID 事件过滤和采集接口（ALE）；

EPCIS 捕获应用和 EPCIS 存储系统之间，定义 EPCIS 信息捕获接口；

EPCIS 存储系统和 EPCIS 信息访问系统之间，定义了 EPCIS 信息查询接口。

其他关于跨企业信息交互的规范和接口，如 ONS 接口等。一个典型的 RFID 应用基本上都会包含这些层面的软硬件设施，而 RFID 中间件作为沟通硬件系统和软件系统的桥梁，在 RFID 应用环境中尤为重要。

2）优越性

RFID 中间件扮演 RFID 标签和应用程序之间的中介角色，从应用程序端使用中间件所提供一组通用的应用程序接口（API），即能连到 RFID 读写器，读取 RFID 标签数据。RFID 中间件接口定义了一个相对稳定的高层应用环境，不管底层的计算机硬件和系统软件怎样更新换代，只要将中间件升级更新，并保持中间件 RFID 采集系统的接口定义不变，应用软件几乎不需任何修改，从而保护了企业在应用软件开发和维护中的重大投资。同时，使用 RFID 中间件有助于减轻企业二次开发时的负担，使他们升级现有软件系统时显得得心应手，同时能保证软件系统的相对稳定及对软件系统的功能扩展等，简化了开发的复杂性，所以商用的 RFID 中间件的出现正日益引起用户的关注。

其优越性具体表现如下。

（1）降低开发难度。企业使用 RFID 中间件，在做二次开发时，可以减轻开发人员的负担，使其可以不用关心复杂的 RFID 信息采集系统，可以集中精力在自己擅长的业务开发上。

（2）缩短开发周期。基础软件的开发是一件耗时的工作，特别是像 RFID 方面的开发，有别于常见应用软件开发，不是单纯的软件技术就能解决所有问题，它需要一定的硬件、射频等基础支持。若使用成熟的 RFID 中间件，保守估计可缩短开发周期 50%～75%。

（3）规避开发风险。任何软件系统的开发都存在一定的风险，因此，选择成熟的 RFID 中间件产品，可以在一定程度上降低开发的风险。

（4）节省开发费用。使用成熟的 RFID 中间件，可以节省 25%～60%的二次开发费用。

（5）提高开发质量。成熟的中间件在接口方面都是清晰和规范的，规范化的模块可以有效地保证应用系统质量及减少新旧系统维护。

总体来说，使用 RIFD 中间件带给用户的不只是开发的简单、开发周期的缩短，也减少了系统的维护、运行和管理的工作量，还减少了总体费用的投入。

5.3.3 RFID 中间件的功能和作用

使用 RFID 中间件可以让用户更加方便和容易地应用 RFID 技术，并使这项技术融入各种各样的业务应用和工作流程当中。中间件其中一个功能就是通过为 RFID 设备增加一个软件适配层的方法将所有类型的 RFID 设备（包括目前使用的 RFID 设备，下一代 RFID 设备、传感器以及 EPC 读写器）在平台上整合成为“即插即用”的模式。

对于应用开发商而言，RFID 中间件的重要功能在于产品所特有的强大事件处理和软件管理机制。事件处理引擎帮助开发者轻松地建立、部署和管理一个端到端的逻辑 RFID 处理过程，而该过程是完全独立于底层的具体设备型号和设备间信息交流协议的。因为在事件处理引擎中利用逻辑设备这一模式，使得 RFID 数据处理过程可以真正地脱离应用部署阶段所要面对的设备物理拓扑结构，因而大大降低了设计的复杂性，也不必关心这些设备的供应商和它们之间用的是什么通信协议了。

RFID 中间件还可以和诸如企业资源配置（enterprise resource planning，ERP）系统，仓储管理系统（warehouse mehagement system，WMS）以及其他一些专有业务系统很有效地配合在一起进行业务处理。这种良好的适应性使得应用该框架组建的 RFID 应用只需要进行非常少量的程序改动就可以和原有的业务系统软件配合得天衣无缝。

RFID 中间件基础框架的分层结构及其功能如下：

1. 设备服务供应商接口层

该层是由帮助硬件供应商建立所谓“设备驱动”的可以任意扩展的 API 生成集合以及允许与系统环境无缝连接的特定接口组成的。为了更容易地发挥整合的效能，中间件通过 RFID 软件开发包的形式囊括各种各样的设备通信协议并且支持以往生产的所有身份识别设备和各类读写器，具有良好的兼容性。一旦设备供应商采用了软件开发包编制设备驱动程序，网络上的任何一个射频识别设备就都可以被工具软件发现、配置和管理了。这些设备可以是 RFID 读写器、打印机，甚至是既可以识别条码又可以识别 RFID 信号的多用途传感器。

2. 运转引擎层

这一层是通过消除未经处理的 RFID 数据中的噪声和失真信号等手段让 RFID 应用软件在复杂多样的业务处理过程中充分发挥杠杆作用。例如，一般情况下设备很难检测出货盘上电子标签的移动方向，或者辨明读入的数据是新数据还是已经存在了的旧数据。中间件中的运转引擎层可以通过由一系列基于业务规则的策略和可扩展的事件处理程序组成的强大事件处理机制，让应用程序能够将未经处理的 RFID 事件数据过滤、聚集和转换成为业务系统可以识别的信息。

运转引擎层的第一部分就是事件处理引擎。这一引擎的核心就是所谓的“事件处理管道”。这一管道为 RFID 业务处理流程提供了一个电子标签读取事件的执行和处理机制，该机制就是把所有的读写器进行逻辑分组，例如分为运送读写器、接收读写器、后台存储读写器和前台存储读写器等。通过使用 RFID 对象模型和 7 大软件开发工具，应用程序开发者可以构建一棵事件处理进程树从而使复杂的事件处理流程一目了然。

通过采用事件处理引擎，应用软件开发者就可以把精力集中于构造处理 RFID 数据的业务逻辑而不是担心那些部署在系统各个环节的物理设备是否运转正常——这些问题已经在系统运行时被很好地解决了。与此同时，最终用户可以真正自由地获取通过处理 RFID 数据所带来的商业利益而不再终日与设备驱动程序缠斗在一起了。所有这一切为处理 RFID 业务信息提供了一条独一无二的“一次写入，随处使用”的便捷途径。

另一个事件处理引擎的关键组件就是事件处理器。事件处理器也是可扩展的程序构件，它允许应用程序开发商设定特殊的逻辑结构来处理和执行基于实际业务环境的分布式 RFID 事件。为了能设计出灵活性和扩展性好的组件，事件处理器的设计者使用了预先封装好的规范化电子标签处理逻辑，这些逻辑可以自动依据事件处理执行策略（这些策略都是由业务规则决定的）来处理电子标签读取事件所获得的数据，这些处理通常包括筛选、修正、转换和报警等，这样一来，所有电子标签上的数据就可以通过中间件的工作流服务产品融入原有应用系统的工作流程以及人工处理流程了。

运行引擎层的第二个主要组成部分就是设备管理套件。这一部分主要负责保障所有的设备在同一个运行环境中具有可管理性。设备管理套件可以为最终用户提供监控设备状态、查看和管理设备配置信息、安全访问设备数据、在整体架构中管理（增加、删除、修改名称）设备以及维护设备的连接稳定等服务。

3. RFID 中间件的基础框架 OM/API 层

RFID 中间件框架提供了对象模型（OM）和应用程序开发接口集（API）来帮助应用程序开发商设计、部署和管理 RFID 解决方案。它包括了设计和部署“事件处理管道”所必要的工具，而“事件处理管道”是将未经处理的 RFID 事件数据过滤、聚集和转换成为业务系统可以识别的信息所必备的软件组件。通过使用对象模型和应用程序开发接口集，应用程序开发商可以创建各种各样的软件工具来管理 RFID 中间件基础框架。对象模型提供了很多非常有用的程序开发接口，它包括设备管理、处理过程设计、应用部署、事件跟踪以及健壮性监测。这些应用程序接口不但对快速设计和部署一个端到端 RFID 处理软件大有裨益，而且可以使应用程序在整个应用软件生命周期得到更有效的管理。

4. 设计工具和适配器层

开发者在开发不同类型的业务处理软件时，可以从 RFID 中间件的基础框架的设计工具和适配器层获得一组对开发调试很有帮助的软件工具。这些工具中的设计器可以为创建一个 RFID 业务处理过程提供简单、它直观的设计模式。适配器可以帮助整合服务器软件和业务流程应用软件的软件实体，它使得若干个通过 RFID 信息传递来完成业务协作的应用软件形成一个有机的整体。通过使用这些工具，微软的合作伙伴可以开发出各种各样具有广泛应用前景的应用程序和业务解决方案。因为通过使用 RFID 技术可以使整个物流变得一目了然，所以系统集成商和应用程序开发商可以在众多需要使用 RFID 技术的领域创建客户所需要的业务应用软件，这些领域包括资产管理、仓储管理、订单管理、运输管理等。

5.4 物联网的中间件

从本质上看，物联网中间件是物联网应用的共性需求（感知、互联互通和智能），与已存在的各种中间件及信息处理技术，包括信息感知技术、下一代网络技术、人工智能与自动化技术的聚合与技术提升。然而在目前阶段，一方面，受限于底层不同的网络技术和硬件平台，物联网中间件研究主要还集中在底层的感知和互联互通方面，现实目标包括屏蔽底层硬件及网络平台差异，支持物联网应用开发、运行时共享和开放互联互通，保障物联网相关系统的可靠部署与可靠管理等内容；另一方面，当前物联网应用复杂度和规模还处于初级阶段，物联网中间件支持大规模物联网应用还存在环境复杂多变、异构物理设备、远距离多样式无线通信、大规模部署、海量数据融合、复杂事件处理、综合运维管理等诸多仍未克服的障碍。

本节按物联网底层感知及互联互通，和面向大规模物联网应用两方面介绍当前物联网中间件的相关研究现状：在物联网底层感知与互联互通方面，EPC 中间件相关规范、OPC 中间件相关规范已经过多年的发展，相关商业产品在业界已被广泛接受和使用。WSN 中间件，以及面向开放互联的 OSGi 中间件，正处于研究热点；在大规模物联网应用方面，面对海量数据实时处理等的需求，传统面向服务的中间件技术将难以发挥作用，而事件驱动架构、复杂事件处理 CEP 中间件则是物联网大规模应用的核心研究内容之一。

1. EPC 中间件

EPC 中间件扮演电子产品标签和应用程序之间的中介角色。应用程序使用 EPC 中间件所提供的一组通用应用程序接口，即可连到 RFID 读写器，读取 RFID 标签数据。基于此标准接口，即使存储 RFID 标签数据的数据库软件或后端应用程序增加或改由其他软件取代，或者 RFID 读写器种类增加等情况发生时，应用端不需修改也能处理，省去多对多连接的维护复杂性等问题。

在 EPC 电子标签标准化方面，美国在世界率先成立了 EPC Global。参加的有全球最大的零售商沃尔玛连锁集团、英国 Tesco 等 100 多家美国和欧洲的流通企业，并由美国 IBM 公司、微软、麻省理工学院自动化识别系统中心等信息技术企业和大学进行技术研究支持。

EPC Global 主要针对 RFID 编码及应用开发规范方面进行研究，其主要职责是在全球范围内对各个行业建立和维护 EPC 网络，保证供应链各环节信息的自动、实时识别采用全球统一标准。EPC 技术规范包括标签编码规范、射频标签逻辑通信接口规范、读写器参考实现、Savant 中间件规范、ONS 对象名解析服务规范、实体标示语言（physical markup languaye，PML）等内容如图 5.2 所示。

（1）EPC 标签编码规范通过统一的、规范化的编码来建立全球通用的物品信息交换语言。

（2）EPC 射频标签逻辑通信接口规范制定了 EPC（Class 0-read only，Class 1-write once，read many，Class 2/3/4）标签的空中接口与交互协议。

（3）EPC 标签读写器提供一个多频带低成本 RFID 标签读写器参考平台。

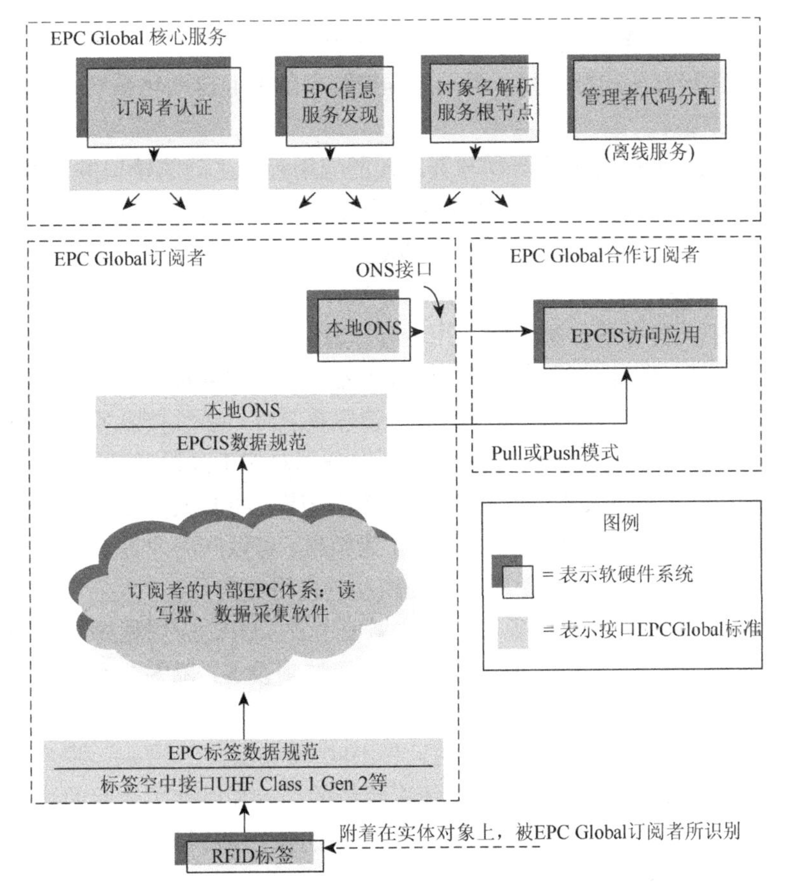

图 5.2　EPC Global 体系结构参考模型

（4）Savant 中间件规范，支持灵活的物体标记语言查询，负责管理和传送产品电子标签相关数据，可对来自不同读写器发出的海量标签流或传感器数据流进行分层、模块化处理。

（5）ONS 本地物体名称解析服务规范能够帮助本地服务器吸收用标签读写器侦测到的 EPC 标签的全球信息。

（6）实体标记语言（PML）规范，类似于 XML，可广泛应用在存货跟踪、事务自动处理、供应链管理、机器操纵和物对物通信等方面。

在国际上，目前比较知名的 EPC 中间件厂商有 IBM、Oracle、Microsoft、SAP、Sun（Oracle）、Sybase、BEA（Oracle）等的相关产品，这些产品部分或全部遵照 EPC Global 规范实现，在稳定性、先进性、海量数据的处理能力方面都比较完善，已经得到了企业的认同，并可与其他 EPC 系统进行无缝对接和集成。

2. OPC 中间件

用于过程控制的 OLE（OLE for process control，OPC）是一个面向开放工控系统的工业标准。管理这个标准的国际组织是 OPC 基金会，它由一些世界上占领先地位的自动化系统、仪器仪表及过程控制系统公司与微软紧密合作而建立，面向工业信息化融合方面的研究，目标是促使自动化/控制应用、现场系统/设备和商业/办公室应用之间具有更强大的互操作能力。OPC 基于微软的 OLE（Active X）、构件对象模型（component object mocle，

COM）和分布式构件对象模型（distributed component object mode，DCOM）技术，包括一整套接口、属性和方法的标准集，用于过程控制和制造业自动化系统，现已成为工业界系统互联的缺省方案。

OPC 诞生以前，硬件的驱动器和与其连接的应用程序之间的接口并没有统一的标准。例如，在工厂自动化领域，连接可编程逻辑控制器（PLC）等控制设备和数据采集与监视控制系统（supervisorycontrol and data acquisition，SCADA）/硬件监控接口（human machine interfact，HMI）软件，需要不同的网络系统构成。根据一项调查结果，在控制系统软件开发的所需费用中，各种各样机器的应用程序设计占费用的 70%，而开发机器设备间的连接接口则占了 30%。此外，过程自动化领域，当希望把分布式控制系统（distributed control system，DCS）中所有的过程数据传送到生产管理系统时，必须按照各个供应厂商的各个机种开发特定的接口，必须花费大量时间去开发分别对应不同设备互联互通的设备接口。

OPC 的诞生是为不同供应厂商的设备和应用程序之间的软件接口提供标准化，使其间的数据交换更加简单化的目的而提出的。作为结果，可以向用户提供不依靠于特定开发语言和开发环境的可以自由组合使用的过程控制软件组件产品。

OPC 是连接数据源（OPC 服务器）和数据使用者（OPC 应用程序）之间的软件接口标准。数据源可以是 PLC，DCS，条形码读写器等控制设备，随控制系统构成的不同，作为数据源的 OPC 服务器既可以是和 OPC 应用程序在同一台计算机上运行的本地 OPC 服务器，也可以是在另外的计算机上运行的远程 OPC 服务器。

如图 5.3 所示，OPC 接口是适用于很多系统的具有高厚度柔软性的接口标准。OPC 接口既可以适用于通过网络把最下层的控制设备的原始数据提供给作为数据的使用者（OPC 应用程序）的 HMI/SCADA，批处理等自动化程序，以至更上层的历史数据库等应用程序，也可以适用于应用程序和物理设备的直接连接。

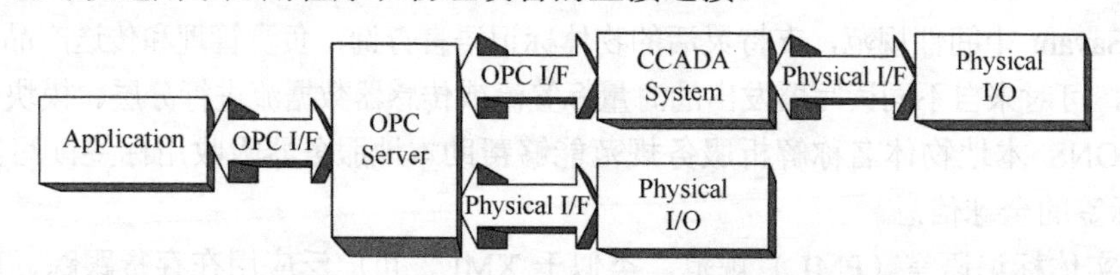

图 5.3　OPC client/server 运行关系示意图

OPC 统一架构（OPC unified architecture）是 OPC 基金会最新发布的数据通信统一方法，它克服了 OPC 之前不够灵活、平台局限等的问题，涵盖了 OPC 实时数据访问规范（OPC DA）、OPC 历史数据访问规范（OPC HDA）、OPC 报警事件访问规范（OPC A&E）和 OPC 安全协议（OPC security）的不同方面，以使得数据采集、信息模型化以及工厂底层与企业层面之间的通信更加安全、可靠。

3. WSN 中间件

无线传感器网络不同于传统网络，具有自己的特征，例如，有限的能量、通信带宽、处理和存储能力、动态变化的拓扑、节点异构等。在这种动态、复杂的分布式环境上构建应用程序并非易事，相比 RFID 和 OPC 中间件产品的成熟度和业界广泛应用程度，WSN 中间件还处于初级研究阶段，所需解决的问题也更为复杂。

WSN 中间件主要用于支持基于无线传感器应用的开发、维护、部署和执行，其中包括复杂高级感知任务的描述机制，传感器网络通信机制，传感器节点之间协调以在各传感器节点上分配和调度该任务，对合并的传感器感知数据进行数据融合以得到高级结果，并将所得结果向任务指派者进行汇报等机制。

针对上述目标，目前的 WSN 中间件研究提出了诸如分布式数据库、虚拟共享元组空间、事件驱动、服务发现与调用、移动代理等许多不同的设计方法。

1）分布式数据库

基于分布式数据库设计的 WSN 中间件把整个 WSN 网络看成一个分布式数据库，用户使用类 SQL 的查询命令以获取所需的数据。查询通过网络分发到各个节点，节点判定感知数据是否满足查询条件，决定数据的发送与否，典型实现如 Cougar，TinyDB，SINA 等。分布式数据库方法把整个网络抽象为一个虚拟实体，屏蔽了系统分布式问题，使开发人员摆脱了对底层问题的关注和烦琐的单节点开发。然而，建立和维护一个全局节点和网络抽象需要整个网络信息，这也限制了此类系统的扩展。

2）虚拟共享元组空间

所谓虚拟共享元组空间就是分布式应用利用一个共享存储模型，通过对元组的读、写和移动以实现协同。在虚拟共享元组空间中，数据被表示为称为元组的基本数据结构，所有的数据操作与查询看上去像是在本地查询和操作一样。虚拟共享元组空间通信范式在时空上都是去耦的，不需要节点的位置或标志信息，非常适合具有移动特性的 WSN，并具有很好的扩展性。但它的实现对系统资源要求也相对较高，与分布式数据库类似，考虑到资源和移动性等的约束，把传感器网络中所有连接的传感器节点映射为一个分布式共享元组空间并非易事，典型实现包括 TinyLime，Agilla 等。

3）事件驱动

基于事件驱动的 WSN 中间件支持应用程序指定感兴趣的某种特定的状态变化，当传感器节点检测到相应事件的发生就立即向相应程序发送通知。应用程序也可指定一个复合事件，只有发生的事件匹配了此复合事件模式才通知应用程序。这种基于事件通知的通信模式，通常采用 Pub/Sub 机制，可提供异步的、多对多的通信模型，非常适合大规模的 WSN 应用，典型实现包括 DSWare，Mires，Impala 等。尽管基于事件的范式具有许多优点，然而在约束环境下的事件检测及复合事件检测对于 WSN 仍面临许多挑战，事件检测的时效性、可靠性及移动性支持等仍值得进一步研究。

4）服务发现

基于服务发现机制的 WSN 中间件，可使得上层应用通过使用服务发现协议，来定位可满足物联网应用数据需求的传感器节点。例如，MiLAN 中间件可由应用根据自身的传感器数据类型需求，设定传感器数据类型、状态、QoS 以及数据子集等信息描述，通过服务发现中间件以在传感器网络中的任意传感器节点上进行匹配，寻找满足上层应用的传感器数据。MiLAN 甚至可为上层应用提供虚拟传感器功能，例如，通过对两个或多个传感器数据进行融合，以提高传感器数据质量等。由于 MiLAN 采用传统的 SDP，SLP 等服务发现协议，这对资源受限的 WSN 网络类型来说具有一定的局限性。

5）移动代理

移动代理（或移动代码）可以被动态注入并运行在传感器网络中。这些可移动代码可以收集本地的传感器数据，然后自动迁移或将自身拷贝至其他传感器节点上运行，并能够与其他远程移动代理（包括自身拷贝）进行通信。SensorWare 是此类型中间件的典型，基于 TCL 动态过程调用脚本语言实现。

除上述提到的 WSN 中间件类型外，还有许多针对 WSN 特点而设计的其他方法。另外，在无线传感器网络环境中，WSN 中间件和传感器节点硬件平台（例如 ARM，Atmel 等）、适用操作系统（TinyOS，ucLinux，Contiki OS，Mantis OS，SOS，MagnetOS，SenOS，PEEROS，AmbitentRT，Bertha 等）、无线网络协议栈（包括链路、路由、转发、节能）、节点资源管理（时间同步、定位、电源消耗）等功能联系紧密。但由于篇幅关系，本文对上述内容不做赘述。

4. OSGi 中间件

开放服务网关协议（open services gateway initiative，OSGi）是一个 1999 年成立的开放标准联盟，旨在建立一个开放的服务规范，一方面，为通过网络向设备提供服务建立开放的标准，另一方面，为各种嵌入式设备提供通用的软件运行平台，以屏蔽设备操作系统与硬件的区别。OSGi 规范基于 Java 技术，可为设备的网络服务定义一个标准的、面向组件的计算环境，并提供已开发的像 HTTP 服务器、配置、日志、安全、用户管理、XML 等很多公共功能标准组件如图 5.4。OSGi 组件可以在无需网络设备重启下被设备动态加载或移除，以满足不同应用的不同需求。

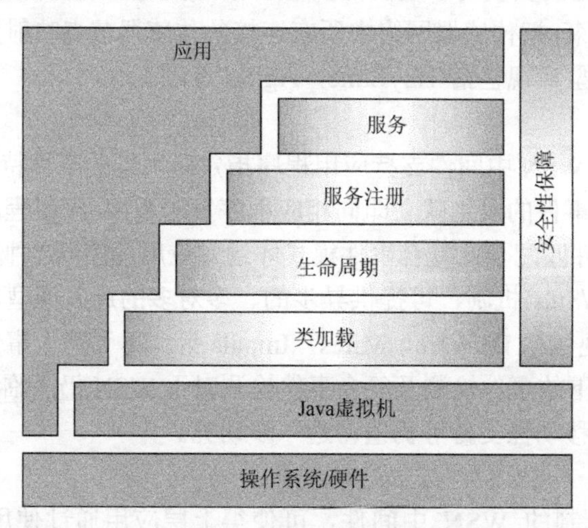

图 5.4　OSGi 框架及组件运行环境

OSGi 规范的核心组件是 OSGi 框架，该框架为应用组件提供了一个标准运行环境，包括允许不同的应用组件共享同一个 Java 虚拟机，管理应用组件的生命期（动态加载、卸载、更新、启动、停止）、Java 安装包、安全、应用间依赖关系，服务注册与动态协作机制，事件通知和策略管理的功能。

基于 OSGi 的物联网中间件技术早已被广泛用到了手机和智能 M2M 终端上，在汽车业（汽车中的嵌入式系统）、工业自动化、智能楼宇、网格计算、云计算、各种机顶盒、Telematics

等领域都有广泛应用。有业界人士认为，OSGi 是“万能中间件”（universal middleware），可以毫不夸张地说，OSGi 中间件平台一定会在物联网产业发展过程中大有作为。

5. CEP 中间件

复杂事件处理（complex event progressing，CEP）技术是 20 世纪 90 年代中期由斯坦福大学的 David Luckham 教授所提出的一种新兴的基于事件流的技术，它将系统数据看成不同类型的事件，通过分析事件间的关系，例如成员关系、时间关系以及因果关系、包含关系等，建立不同的事件关系序列库，即规则库，利用过滤、关联、聚合等技术，最终由简单事件产生高级事件或商业流程，不同的应用系统可以通过它得到不同的高级事件。

复杂事件处理技术可以实现从系统中获取大量信息，进行过滤组合，继而判断推理决策的过程。这些信息统称事件，复杂事件处理工具提供规则引擎和持续查询语言技术来处理这些事件。同时，工具还支持从各种异构系统中获取这些事件的能力，获取的手段可以是从目标系统去取，也可以是已有系统把事件推送给复杂事件处理工具。

物联网应用的一大特点，就是对海量传感器数据或事件的实时处理。当为数众多的传感器节点产生出大量事件时，必定会让整个系统效能有所延迟。如何有效管理这些事件，以便能更有效地快速回应，已成为物联网应用急需解决的重要议题。

由于面向服务的中间件架构无法满足物联网的海量数据及实时事件处理需求，物联网应用服务流程开始向以事件为基础的 EDA 架构（eventdriven architecture）演变。物联网应用采用事件驱动架构主要的目的，是使物联网应用系统能针对海量传感器事件，在很短的时间内立即作出反应。事件驱动架构不仅可以依数据/事件发送端决定目的，更可以动态依据事件内容决定后续流程。

复杂事件处理代表一个新的开发理念和架构，具有很多特征，例如，分析计算是基于数据流而不是简单数据的方式进行的。它不是数据库技术层面的突破，而是整个方法论的突破。目前，复杂事件处理中间件主要面向金融、监控等领域，包括 IBM 流计算中间件 InfoSphere streams，以及 Sybase、Tibico 等的相关产品。如 BM 流计算中间件中数据更新提以流的方式直接将选定数据送往数据用户，整个过程都是动态数据。而不像标准数据库，将动态数据按时间分片，以静态数据的方式进行访问，如图 5.5 所示。

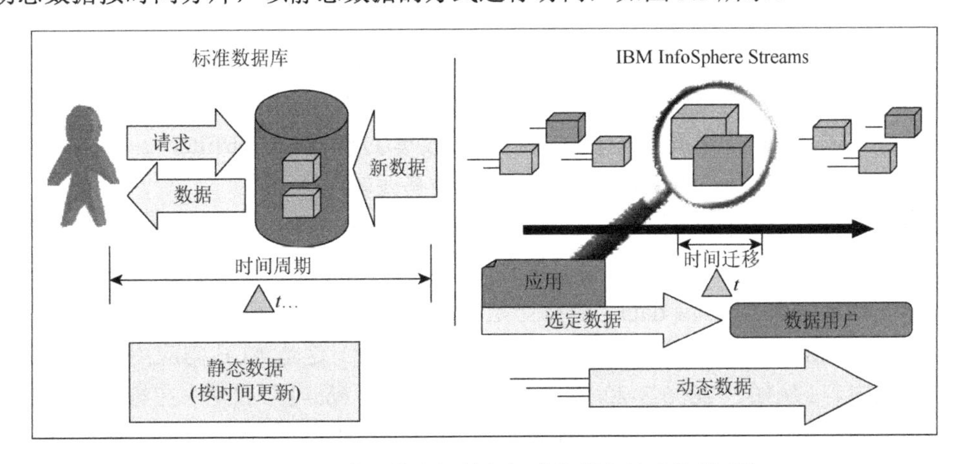

图 5.5　IBM 流计算中间件与标准数据库处理流程对比

6. 其他相关中间件

国际电信联盟对物联网提出的任何时刻、任何地点、任意物体之间互联（any time、any place、any things connection），无所不在的网络和无处不在的计算的发展愿景，在某种程度上，与普适计算的核心思想是一致的。普适计算（ubiquitous computing 或 pervasive computing），又称普存计算、普及计算，是一个强调和环境融为一体的计算概念，而计算机本身则从人们的视线里消失。在普适计算的模式下，人们能够在任何时间、任何地点、以任何方式进行信息的获取与处理。

另外，由于行业应用的不同，即使是 RFID 应用，也可能因其在商场、物流、健康医疗、食品回溯等领域的不同，而具有不同的应用架构和信息处理模型。针对智能电网，智能交通，智能物流、智能安防、军事应用等领域的物联网中间件，也是当前物联网中间件研究的热点内容。

7. 物联网国际研究项目

除相关物联网标准组织外，目前还有许多研究机构、厂商和产业联盟也致力于物联网中间件的研究和标准化等方面的工作。

欧盟 Hydra（networked embedded system middleware for heterogeneous physical devices in a distributed architecture）物联网中间件项目致力于开发可广泛部署的智能网络嵌入式中间件平台，使之可运行于新的或已存在的分布式有线/无线网络设备中。Hydra 采用对底层通信透明的面向服务的体系结构，可运行在固定或移动设备中，支持集中或分布式的体系结构，以及安全和信任、反射特性和模型驱动的应用开发。

欧洲 IOT-A（internet of things architecture）项目致力于当前物连网向未来物联网的转变，以及物联网业务流程建模、原型实现，并对物联网工业应用作出贡献。其具体内容包括搭建物联网系统互操作模型，建立有效的服务层响应机制，提供基于开放协议的服务协议，定义官方物联网体系结构以及设备平台组件等。

5.5 RFID 中间件——ALE 介绍

应用层事件（application level event，Ale）规范，简称 ALE 规范，于 2005 年 9 月，由 EPC Global 组织正式对外发布。它定义出 RFID 中间件对上层应用系统应该提供的一组标准接口，以及 RFID 中间件最基本的功能：收集/过滤（collect/filter）。

1. ALE 产生的背景—RFID 数据的冗余性/业务逻辑

RFID 读写器工作时，不停地读取标签，因而造成同一个标签在一分钟之内可能读取到几十次，这些数据如果直接发送给应用程序，将带来很大的资源浪费，所以需要 RFID 中间件对这些原始数据（raw data）进行一层收集/过滤处理，提供出有意义信息。

“what，when，where”（何时、何地、发生什么事情）这是 ALE 向应用系统提供的最典型的信息内容。例如，“2006-3-20 19:30 门禁处读取到 epc#1”。此外，在智能货柜（smart shelf）之类的应用中，业务流程只关注物品是否增加或减少。此时，ALE 就可以向上层汇报“2006-3-20 19:31 epc#1 在货柜#1 区出现/消失”。

所以说，ALE 的出现主要是为了减少原始数据的冗余性，从大量数据中提炼出有效的业务逻辑而设计。

2. ALE 与应用系统的关系

ALE 层介于应用业务逻辑和原始标签读取层之间，如图 5.6 所示。它接收从数据源（一个或多个读写器）中发来的原始标签读取信息，而后，按照时间间隔等条件累计（accumulate）数据，将重复或不感兴趣的 EPC 剔除过滤(filter)，同时可以进行计数及组合(count/group）等操作，最后，将这些信息对应用系统进行汇报。

应用逻辑

ALE层

标签读写层

图 5.6　ALE 与应用系统关系图

在 ALE 中，应用系统可以定义这些内容：在什么地方（地点可以映射一个或多个读写器及天线）读取标签；在怎样的时间间隔内（决定时间、某个外部事件触发）收集到的数据；如何过滤数据；如何整理数据报告内容（按照公司、商品还是标签分类）；标签出现或消失时是否对外报告以及读取到的标签数目。

ALE 规范定义的是一组接口，它不牵涉具体实现。在 EPC Global 组织的规划中，支持 ALE 规范是 RFID 中间件的最基本的一个功能；这样，在统一的标准下，应用层上的调用方式就可统一，应用系统也就可以快速部署。

因此，ALE 规范定义的是应用系统对 RFID 中间件的标准访问方式。

3. ALE 输入（ECSpec）/输出（ECReport）

在 ALE 模型中，有几个最基本的概念：读周期（read cycle)、事件周期（event cycle）和报告（report)。

读周期是和读写器交互的最小单位，一个读周期的结果是一组 EPCs 集合，读周期的时间长短和具体的天线、RF 协议有关，读周期的输出就是 ALE 层的数据来源。如图 5.7 所示。

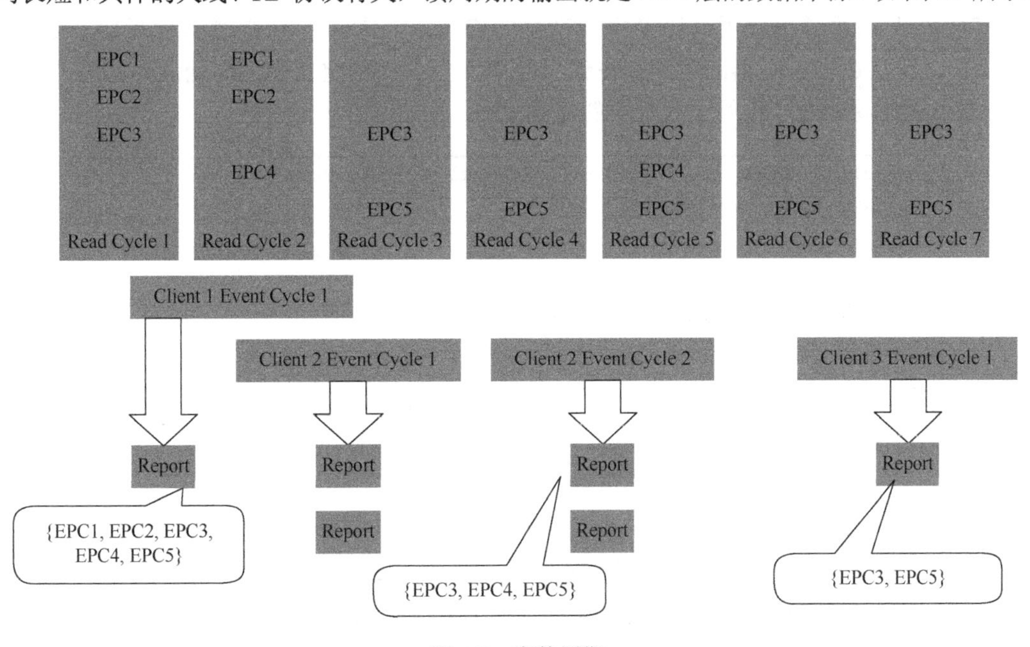

图 5.7　事件周期

事件周期可以是一个或多个读周期，它是从用户的角度来看待读写器的，可以将一个或多个读写器当成一个整体，是ALE接口和用户交互的最小单位。应用业务逻辑层的客户在ALE中定义好事件周期的边界之后，就可接收相应的数据报告。

报告，则是在前面定义的事件周期的基础上，ALE向应用层析提供的数据结果。

对于事件周期的定义，在ALE中由ECSpec表达；对于报告的内容，由ECReport负责，如图5.8所示。

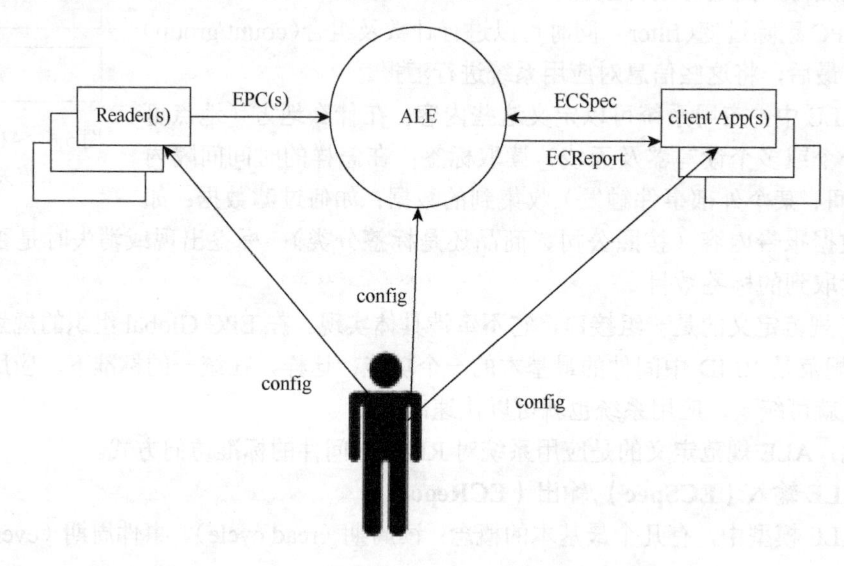

图5.8 ALE的ECReport过程

4. ECSpec介绍

ECSpec 描述了事件周期以及报告产生的格式。它包括：一组逻辑读写器（logical readers），这些逻辑读写器的读周期在该事件周期内；一份定义事件周期边界的规范；以及在这个事件周期内产生的一组报告的格式规范。如图5.9所示。

```
readers : List    // List of logical reader names
boundaries : ECBoundarySpec
reportSpecs : List   // List of one or more ECReportSpec
                     //  instances
includeSpecInReports : boolean
<<extension point>>
---
```

图5.9 ECSpec

在ALE规范中，定义出ECSpec的XSD文件，同时有ECSpec的具体例子。

```
<?xml version="1.0"encoding="UTF-8M?>
<ale:ECSpec xmlns:ale-"urn:epcglobal:ale:xsd:1"
        xmlns:epcglobal="urn:epcglobal:xsd:1"xmlns:
```

```
            xsi="http://www.w3.org/2001/XMLSchema-
            instance"xsi:schemaLocation="urn:epcglobal:
            ale:xsd:1 Ale.xsd" schemaversion="1.0"
            creationDate="2003-08-06T10:54:06.444-
            05:00">
    <logicalReaders>
        <logicalReader>dock_1a</logicalReader>
        <logicalReader>dock_1b</logicalReader>
    </logicalReaders>
    <boundarySpec>
        <startTrigger>http://sample.com/trigger1</
        start?rigger><repeatPeriod unit="MS">20000</
        repeatPeriod><stopTrigger>http://sample.
        com/trigger2</stopTrigger><duration unit=
        "MS">3000</duration>
    </boundarySpec>
    <reportSpecs>
        <reportSpec reportName="report1">
            <reportset set="CURRENT"/>
            <output includeTag="true"/>
        </reportSpec>
        <reportSpec reportName="report2">
            <reportSet set-"ADDITIONS"/>
            <output includeCount="true"/>
        </reportSpec>
        <reportSpec reportName="report3">
            <reportSet set="DELETIONS"/>
            <groupSpec>
               <pattern>urn:epc:pat:sgtin-64:X.X.
               X.*</pattern></groupSpec>
            <output includeCount="true"/>
        </reportSpec>
    </reportSpecs>
</ale:ECSpec>
```

从该例子中我们可以看出，上层应用系统需要逻辑读写器 dock_1a 和 dock_1b，在满足开始及结束的触发事件文件 trigger1/trigger2 定义的条件下，重复周期 20 000 ms，间隔

3000 ms，对外发送三个报表 report1/report2/report3，report1 报告当前读取到的标签，report2 报告每个事件周期内增加的标签及总个数，report3 报告每个事件周期内减少的标签及总个数，以及标签进行组合的形式。

5. ECReport 介绍

ECReport 是 ALE 中间件向上层应用系统做出报告。

report1 汇报当前读取到两个标签，report2 报告当前读取到的标签个数 6847，Report3 报告 EPC 为 3.0037000.12345 类的物品读取到两个，3.0037000.55555 类的物品读取到三个，读取到标签数为 6842。

```
<reports>
      <report reportName="report1">
            <group>
                  <groupList>
                        <member><tag>urn:epc:tag:gid-96:
                        10.SO.1000</tag></member>
                        <member><tag>urn:epc:tag:gid-
                        96:10.SO.1001</tag></member></
                        groupList>
            </group>
      </report>
      <report reportNane="report2">
            <group><groupCount><count>6847</count>
            </groupCount></group>
      </report>
      <report reportName="report3">
         <group name="urn:epc:pat:sgtin-64:3.0037000.
            12345.*">
               <groupCount><count>2</count></group-
               Count>
            </group>
            <group narme="usn:epc:pat:sgtin-64:3.0037000.
            555SS.*">
                  <groupCount><count>3</count></gro-
                  upCount>
            </group>
            <group>
                  <groupCount><count>6842</count></
```

```
                    groupCount>
                </group>
            </report>
        </reports>
</ale:ECReports>
```

6. 典型 ALE 调用场景

应用系统与 ALE 中间件的交互，必须先将事件周期的定义文件（ECSpec）传送至中间件，同时告知中间件将报告发回的地址。在与 ALE 交互中，有几个最基本的方法：define/undefine，subscribe/unsubscribe，poll/immediate。define/undefine 是定义/撤销 ECSpec 的操作，subscribe/unsubscribe 是订阅/撤销某个 ECSpec 的服务。

1）直接订阅（direct subscription）

该模式下，ECSpec 由客户 *A* 定义，得到的报告反馈给 *A*，如图 5.10 所示。

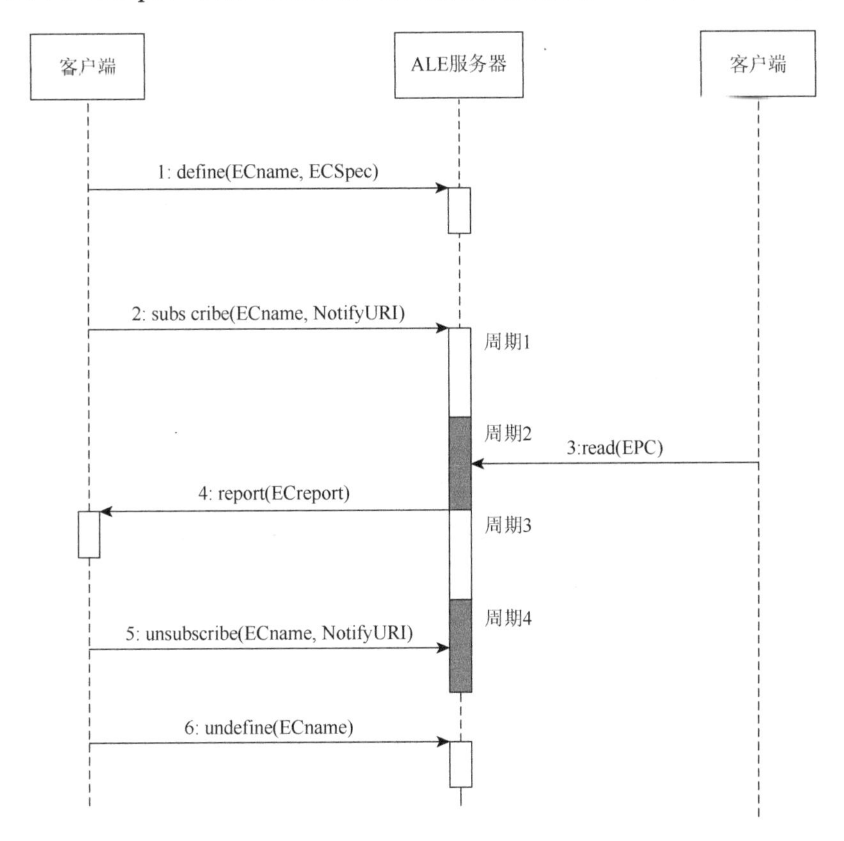

图 5.10　直接订阅的交互过程

首先，client1 将名为 ECname1 的 ECSpec 定义给 ALE 中间件，而后 client1 订阅该 ECname1 的报告，并将它发至地址为 notifyURI 的接收处。

在时间 1 内，读写器 reader1 没有读到标签，所以没有反馈。在时间 2 内，读到标签，而后，ALE 中间件自动将 ECReport 发送给 client1。

当client1不需要RFID信息时，它首先退订notifyURI的ECname1的服务。当ECname1没有订阅者之后，就可以撤销ECname1的时间周期。

2）间接订阅（indirect subscription）

该模式与直接订阅的差异是：得到的报告不是反馈给 *A*，而是反馈给 *B*，如图5.11所示。

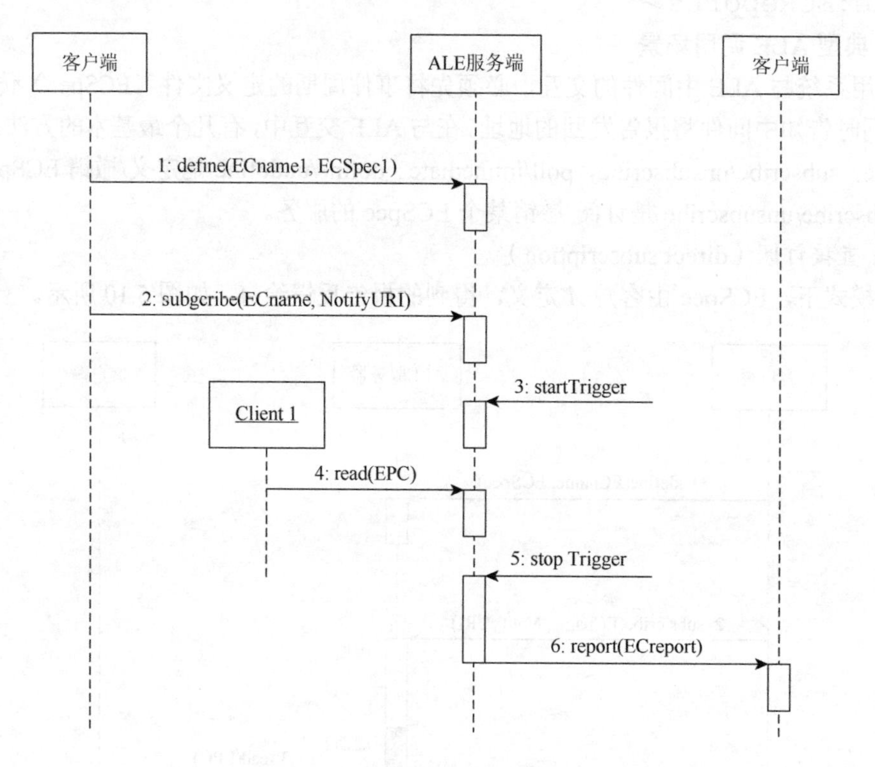

图5.11　间接订阅的交互过程

该图显示的ECSpec边界由触发器来决定。在第6步中，我们可以看到ECReport发至client1，而不是初始的服务定义者，这是由于在第2步中的服务反馈地址notifyURI指向client1。

3）poll/immediate

poll和immediate可以看成应用系统对ALE中间件的快照。在很多应用中，不需要一直监听ALE，而只要知道当时读到的标签信息，这两种模式就是为满足这些需求而设计的，如图5.12所示。

当ALE中间件中已经有定义好的ECSpec时，同时client需要这个ECSpec提供的信息，就可以使用poll方法得到反馈。

当ALE中间件中不存在client需要的事件周期，这个时候，可以直接转送这个事件周期的定义ECSpec2，而后得到结果，这就是immediate。

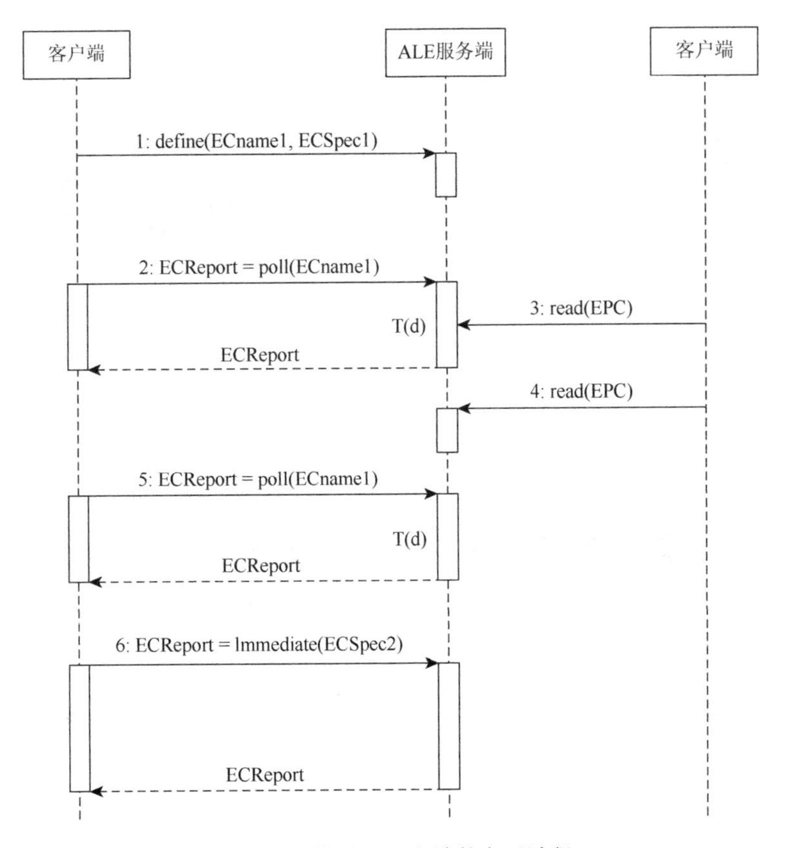

图 5.12　使用 Doll 方法的交互过程

第 6 章

RFID 技术在仓储中的应用

6.1 射频识别技术在小型卷钢仓储的应用部署

6.1.1 背景

在一个有货物进出的企业中，仓库管理系统是不可缺少的部分，是物流管理的中心环节。随着经济与社会的发展，仓库中货物的存储、出库、管理的内容越来越复杂，传统手工处理仓储管理已越来越不能满足社会需求，因此仓储管理系统为满足现实需求应运而生，利用计算机硬件与软件可以快速正确地处理大量数据。

现代仓库管理系统发展迅速，已经在世界范围内被广泛应用，从大型企业到中小型企业再到超市都应用仓储管理系统管理库存信息，货物管理的效率在仓储管理系统的帮助下大大提高了。

卷钢，又称钢卷。为了方便储存和运输，方便进行各种加工（例如加工成为钢板、钢带等）将钢材热压、冷压成型为卷状。

RFID 的批量读取，非可视读取特性，应用于非规则仓位小型卷钢仓库的管理系统中，可以缩短货物在物流仓储环节的周转时间，信息的更改无须人为干涉，不但节约了人力，还提高了数据登记的准确性和效率。具备的优点有：①可工作于较恶劣的现场工业环境，受现场的电磁、油渍、灰尘等干扰小；②标签的形状、结构，可根据现场需要设计制作，以满足现场要求；③能进行物体标识的自动识别，实现识别过程与后台管理系统的无缝连接，提高过程管理效率；④采用 RFID 技术后，可使识别过程远距离进行，使操作、理货人员能在安全地方作业。

目前通行的将 RFID 技术应用于钢铁仓储管理系统的方法，主要分为标准货架式和特种标签式两种。标准货架式方法，是在货架及货架托盘中安装 RFID 标签，利用货架作为物品位置坐标系，对托盘中的物品进行识别，这种方法效率高，成本低，但它基于严格的标准仓位仓储，不适于自然堆存的非标准仓位仓储管理。特种标签式方法，是采用特种抗金属标签以提高仓储方式下钢铁货品的识别率，可用于非规则仓位的钢铁仓储管理，但此方法所用标签成本较高，且标签安装及使用对钢材的捆扎包装有特殊要求，因此更适合于钢铁生产厂商使用。

在中国内地特别是长三角地区，存在大量的以卷钢的仓储、加工及转运为主要业务的中小型钢铁物流公司。这些公司的主要业务特点有。

（1）企业规模小，从业人员、生产场地有限。

（2）大部分钢材仓储周期短、流动快，因此仓位划分不规范，仓储主要以自然堆放方式为主。存储的钢材无包装或只有简单捆扎，并且以堆叠方式进行存放。

（3）企业生产的信息自动化程度低，大多数工作以手工操作模式为主。

（4）随着现代物流技术的发展以及企业生产规模的扩大，企业的信息自动化需求迫切。

因此，此类中小型钢铁物流企业需要一种能够适用于非标准仓位的RFID识别应用方案。鉴于此，本文根据非规则小型卷钢仓库的工作环境及卷钢转运、存储的方式，分别利用RFID标签标记与识别货物的空间位置信息和货物信息，最终实现卷钢的自动识别与仓储管理。

6.1.2 非规则仓位卷钢仓储模式对RFID系统的影响

在非规则仓位的卷钢仓储模式中，卷钢的堆放具有以下特点。

（1）卷钢规格（以常见规格为例，如图6.1所示）为1250 mm（宽）×2500 mm（高），内径为350 mm，钢板厚度为900 mm。

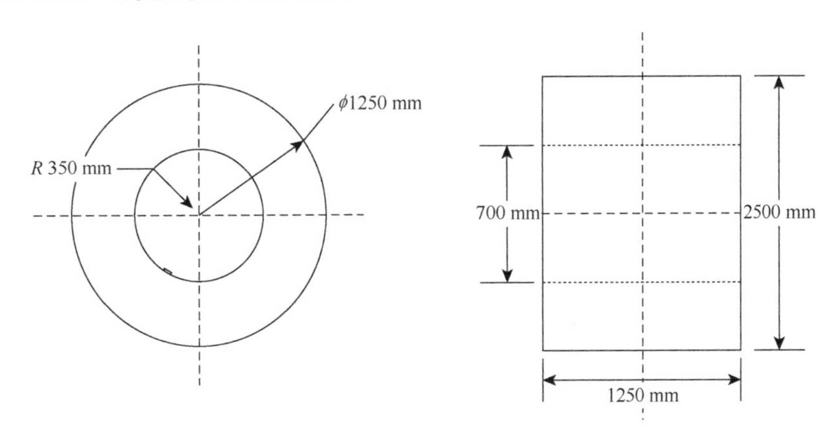

图6.1 卷钢的规格尺寸

（2）在空间高度上，以多层叠放的方式进行堆放，通常叠放层数为2～4层。

（3）在空间宽度上，以多卷并排存放的方式进行堆放，通常并排卷数为3～6卷。

（4）在空间区域的划分上，除留有人员、吊钩运动的空间外，卷钢在剩余空间中为无序密集堆放，如图6.2所示。

（5）对于卷钢的识别，当前主要采用喷印、蚀刻和条码技术进行板的标识。这些标识方法受劣环境的影响，极易造成难以识别或识别错误。

当RFID技术应用于非规则仓位的卷钢仓储时，由于电场会造成金属内部自由电荷的移动，从而损失能量，因此金属对电磁场有屏蔽作用。电磁波能到达金属内部的深度用趋肤深度表示。

图 6.2　实际的卷钢仓储现场

$$\delta = \sqrt{\frac{2}{\omega\kappa\mu}}$$

假设金属为铁（$\kappa = 1.06\times10^6$ s/m, $\mu = 300$），在 868 MHz 频率下，趋肤深度为 2.2 μm，所以在一般情况下，电磁波是无法直接穿过金属传播的，会在金属的后面留下一个无法读取的区域。

为测试金属屏蔽对 RFID 系统的影响，将 200 mm×200 mm 和 400 mm×400 mm 两个金属板放置于标签与读写器中间，标签与金属板的距离固定保持在 1 m。读写器工作于 UHF 频段，符合 ISO18000-6 标准。通过测试表明，金属板的屏蔽对标签的识别率影响十分明显，如图 6.3 所示。

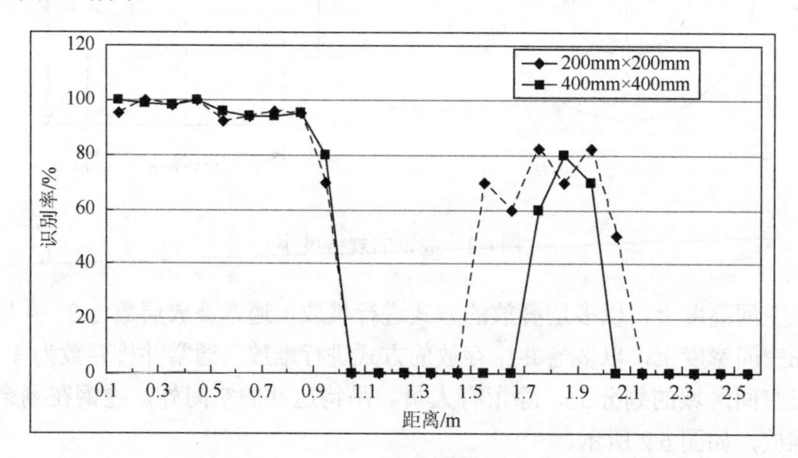

图 6.3　金属板的屏蔽对标签识别率的影响

因此，对于非规则仓位的卷钢仓储而言，以现有的 RFID 电子标签技术直接对卷钢进行识别，技术难度大，成本相对比较高。尤其是在卷钢为无序堆叠的存放环境下，形成射频信号屏蔽层，使得 RFID 的识别率更是大幅下降，因此无法使用 RFID 对堆叠的钢材进行直接识别与定位。

但是，由于卷钢内径中空，具有可穿透射频信号的空间，因此在现有的射频识别方法上加以改造，分离其空间位置及物品信息，则可利用 RFID 电子标签技术实现对卷钢的识别及定位。

6.1.3 RFID 的部署

由于钢铁物品对 RF 信号的屏蔽，无法由对物品 RFID 标签的扫描来直接识别其位置，因此，需要找到固定的、易于识别的位置坐标系来定位物品的位置坐标。

首先，对仓库空间进行划分，将其根据物品规格，划分出合适的仓库库位，并在仓位的分界线上，以 RFID 标签作为其仓位的横纵坐标标识，RFID 的 EPC 代码，包含厂商编号、仓库编号、横纵坐标特征号、坐标标号等。然后将 RFID 标签安装在相对固定且易于识别的位置，用以形成物品位置坐标系，如图 6.4 所示。

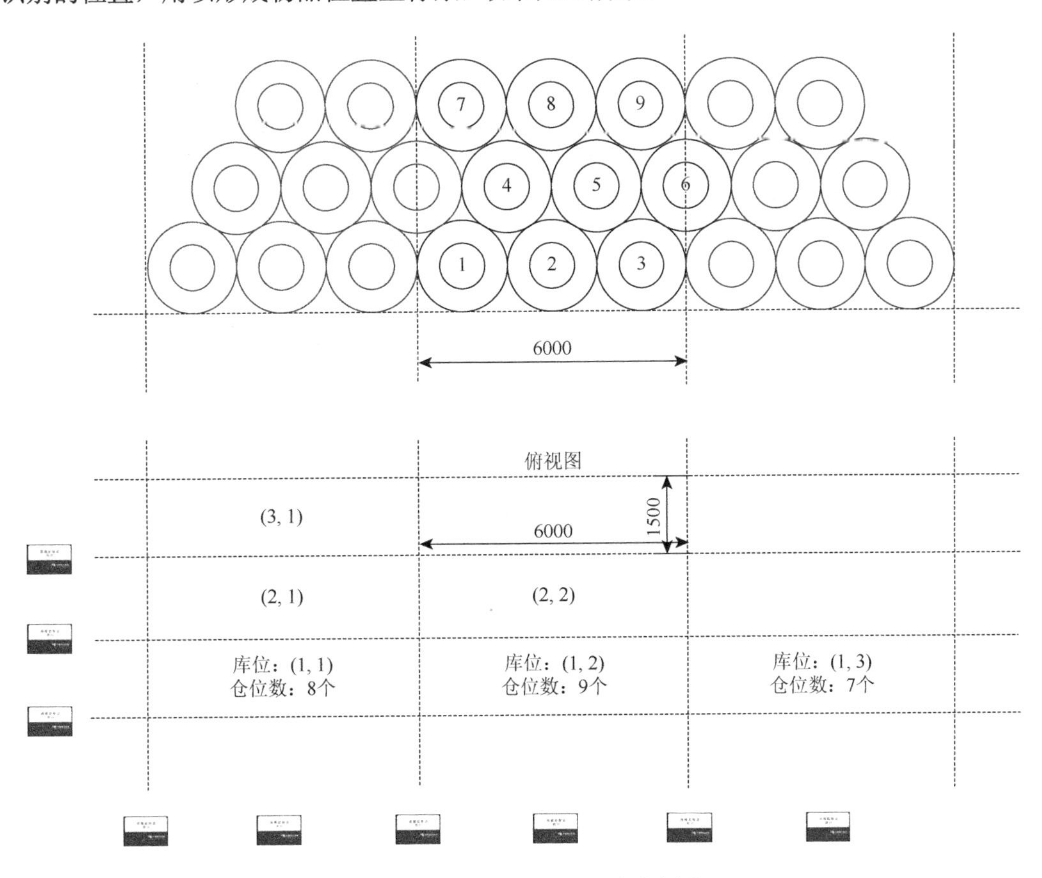

图 6.4　用 RFID 标签标记仓位划分

接着，选定物品位置坐标系。物品位置坐标系的选定原则为：①能够覆盖仓储中钢材（卷钢）的存放、移动范围；②易于安装坐标定位标签；③读头对坐标标签的读取，不会受对方钢材的影响。在本方法中，由于钢铁物品的变动，必须依赖于吊机对其进行吊装，因此利用吊机的行进方向及吊钩的移动轴，作为物品位置坐标系的参考基准。定义吊机的行进方向为钢材物品位置坐标系的 Y 轴坐标轴，坐标由 RFID 标签标记，坐标标签安装于吊机的行进轨道上，标签读写器（记为 ReaderY）安装在吊机的行走结构上。定义吊机上的吊钩移动方向为钢材物品位置坐标系的 X 轴，坐标由 RFID 标签标记，坐标标签安装于吊机的横梁上，标签读写器（记为 ReaderX）安装在吊钩的移动机制上。则钢材（卷钢）的位置坐标可以表示为 Position[TagX，TagY]，其中，TagX、TagY 分别为 ReaderX 和 ReaderY 所读取到的位置标签 EPC 码所对应的 RFID 标签编号。通过划分仓位时 RFID 与各仓位的对应关系，即可很方便地得到当前吊机所吊装钢材（卷钢）的空间位置信息，如图 6.5 所示。

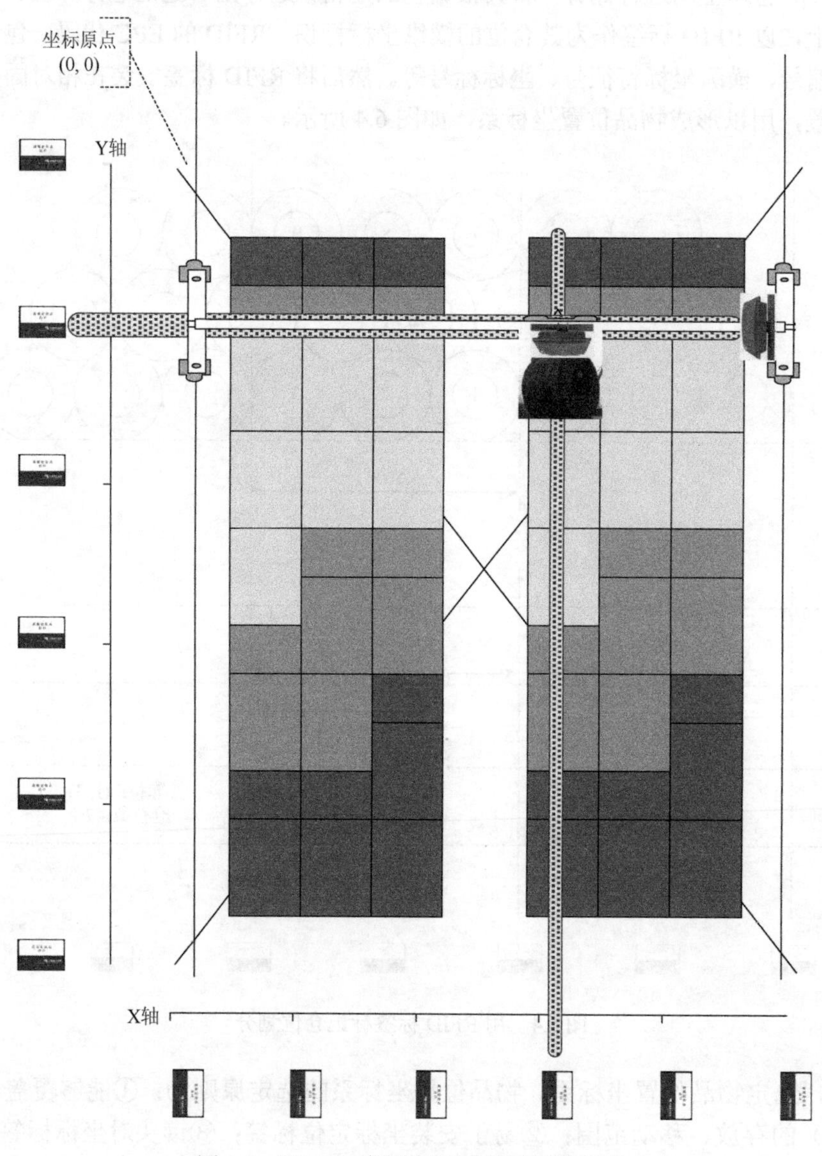

图 6.5　用 RFID 标签标记仓储平面坐标系

最后，获得钢材（卷钢）的空间位置信息后，则可在位置坐标的指引下，使用专门的读写器来扫描钢材（卷钢）上的物品 RFID 标签。由于已得到明确的物品位置坐标，因此极大地缩短了 RFID 读写器与安装在钢材（卷钢）上的物品 RFID 标签间的读取距离，只需要适当地加大读写器读取功率，即能很好地保证物品 RFID 标签的识别率。在本方案中，读写物品 RFID 标签的读取器被安装于吊钩上，RFID 标签采用平行于卷钢圆截面放置，如图 6.6 所示。

因此，当吊钩在吊装钢材（卷钢）时，读写器与物品 RFID 标签处在有效读取范围之内，因此识别率几乎不受钢铁仓储环境的影响，得到了较好的保障。

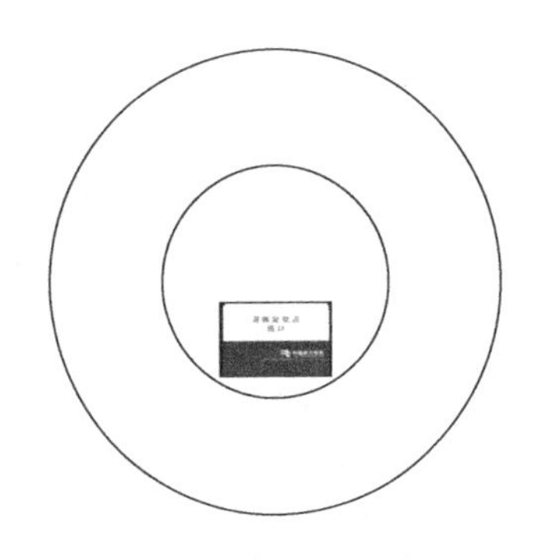

图 6.6　标签放置在卷钢的空心部位

6.1.4　实例分析

本文提出的射频标签在非规则仓位卷钢仓储中的应用方法，已成功应用于某钢铁物流仓储公司。通过使用 RFID 电子标签技术，能够自动准确识别存储的钢材（卷钢）物品信息，降低人员重复操作的劳动强度，减少因此产生的人为失误，提高货物的流转效率；并以 GIS 技术、二/三维虚拟仿真技术为基础，对钢铁物流仓储公司的仓储空间进行精确管理，实现仓储的数字化管理；最终通过 web、移动手持终端等多手段的接入，将仓储及物流、运载等资源整合到网络中，有效地提高了钢材货物的流转及仓储资源的有效利用。

在非规则仓位的卷钢仓储管理系统中，将仓储空间划分为规则仓位，并在其中植入具有 EPC 的 RFID 标签，EPC 代码内含数字代表该仓位的仓库号、层号、行号及列号等空间位置编号，作为物品位置识别标志。

在卷钢识别模块中，系统采用 EPC 代码作为物品的唯一标志码，为每个卷钢贴上一个具有 EPC 的 RFID 标签。EPC 代码内含一串数字代表物品 ID、类别、名称、供应商、生产日期、产地、入库时间、货架号等信息，信息存储在后台服务器的数据库中。同时，随着物品在仓库内外的转移或变化，这些数据可以得到实时更新。

方案中，采用的标签读写器参数如下：

工作频段：902～928 MHz 或 865～868 MHz（默认为 902～928 MHz）

工作电压：DC-12 V

最大功耗：5 W

储存温度：–45～+ 95 ℃

工作温度：–35～+ 75 ℃

支持协议：ISO-1800006B，ISO-18000-6C（EPC G2）

天线增益：12 dbi 水平极化

天线功率：接入天线功率 1 W（可调）

有效距离：读/写卡距离不小于 12 m

快速识别：能识别移动速度大于 120 km/h 快速移动的电子标签

采用的 RFID 标签参数如下：

protocol（协议）：EPC GEN2 ISO 18000-6C

frequency（频率）：860～960 MHz
chip（芯片）：ALN H3
material（材料）：PCB
size（尺寸）：95×25×3.7 mm
hole diameter（孔径）：2×3.5 mm
work temperature（工作温度）：−30～85 ℃
storage temperature（储存温度）：−40～150 ℃
IP Rating（IP 防护等级）：IP68
nominal read range（读距）：handheld（手持型）：＞2 m；fixed（固定型）：4～10 m

通过实际应用环境测试验证，运动状况下对位置标签的识别能够满足应用要求。

如图 6.7 所示，在吊机的移动状态下，读写器能够完全识别其对应位置的位置标签。但当移动速度超过 22 m/min 时，由于识别延时，导致出现所识别标签与真实位置出现错位的情况。此种问题，可以通过将吊机的最大移动速度限制在 22 m/min 以下或适当增大位置标签的间距来解决。

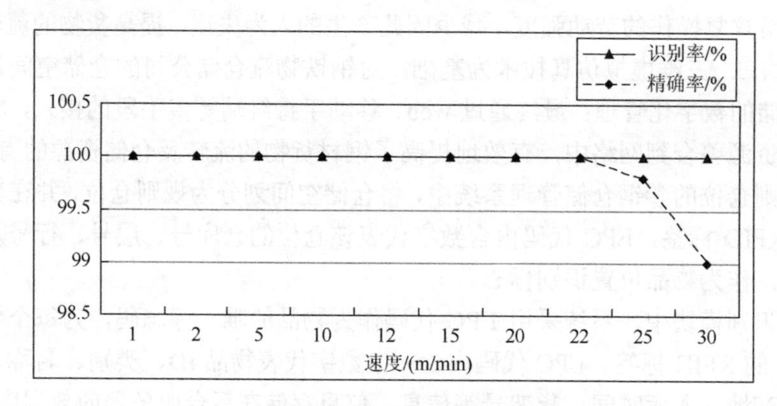

图 6.7　吊机移动速度对标签识别率的影响

在卷钢内径中，等间距放置 RFID 标签，测试读写器对其的识别率。测试结果如图 6.8 所示。

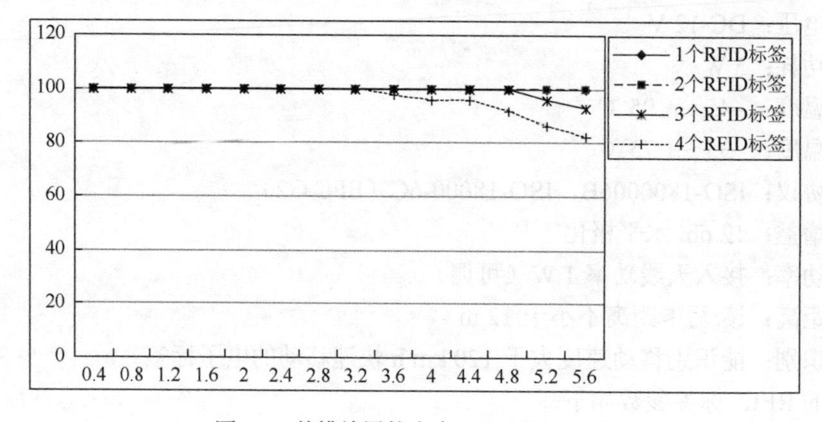

图 6.8　并排放置的多个 RFID 的识别率

从测试结果可以看到，在距离小于 4.4 m 的范围内，等间距摆放三个 RFID 标签，能够保证对其 100%的识别率。因此，在实际的卷钢钢材仓储中，可采用三卷并排存放的方式，若需要多于三卷并排存放时，则需适当增加读写器天线功率。

6.1.5 小结

RFID 标签识别的金属干扰问题始终阻碍着该技术在钢铁仓储，尤其是在非规则仓位的小型钢铁仓储管理中的应用。本文结合非规则仓位的小型钢铁仓储的仓储特点，提出了通过将所存放卷钢的位置信息与物品标签信息分离开，分别进行识别的方法。通过系统实现及实验对比证明，此方法能够在使用非特种 RFID 标签及读写器的情况下，最大可能的实现非规则仓位小型卷钢仓储中的物品识别，该方法已成功应用于某物流公司。

6.2 基于位置识别的仓库管理系统的需求分析

软件中必不可少的、占据重要作用的首要环节是需求分析，它的分析结果是“系统必须做什么”。需求分析是对目标系统提出完整、准确、清晰、具体的要求。

6.2.1 系统业务流程分析

业务流程图主要用图表的形式生动形象地描绘公司中的业务关系、业务处理先后顺序、数据信息流动方向，利用该图表可以总结出系统功能与数据流图。

通过对一般企业的仓库的业务流程分析，得到了如图 6.9 所示的仓库管理系统业务流程图。

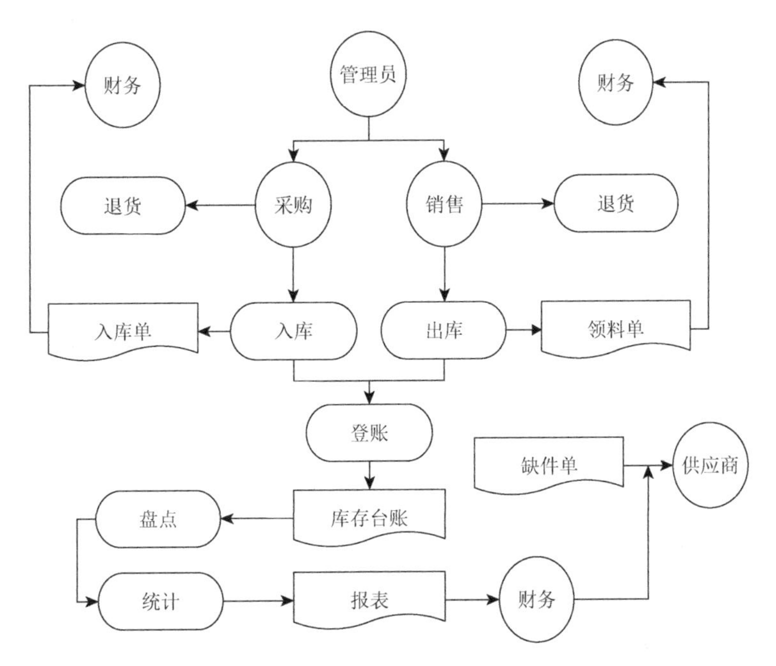

图 6.9 仓库管理系统业务流程图

从以上业务流程图可以看出，拟设计的仓库管理系统需要完成下列目标功能：

（1）入库。货物要入库时，用户在入库界面输入相关信息，形成入库单，并更新库存信息。

（2）出库。货物要移出仓库时，用户在出库界面输入相应信息，形成出库单，并更新库存信息。

（3）查询。查询仓库中货物，显示货物所在位置，便于查找。

（4）报表打印。对基本信息、入库信息、出库信息的打印，保存记录，便于以后核对查证。

6.2.2 系统数据流分析

如图 6.10 为该系统的数据流，它描述了货物与其相关信息的数据在系统中的流动情况，这些数据都是该系统的用户通过计算机的帮助录入系统，最后存储在数据库的相应的表中。用户是管理整个系统的人员，通过各种信息管理界面输入信息，再通过各界面控件的操作存入数据库的表中。

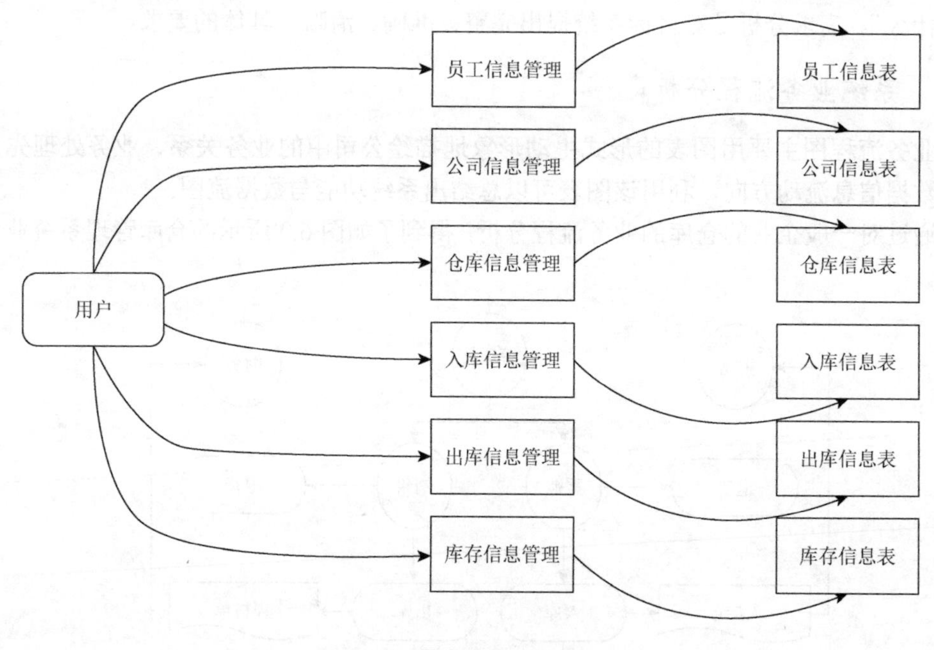

图 6.10 系统数据流图

6.2.3 数据词典

（1）入库工单 = 入库编号 + 货物编号 + 货物名称 + 货物数量 + 生产日期 + 到货日期 + 仓库号（编号）+ 仓位号（编号）+ 经办员工

（2）出库工单 = 出库编号 + 货物编号 + 货物名称 + 货物数量 + 出库日期 + 经办员工

（3）员工编号 = 'YG-' + year + month（'01'…'12'）+ day（'01'…'31'）+ hour（'01'…'24'）+ minute（'01'…'60'）+ second（'01'…'60'）

（4）仓库编号 = 'CK-' + year + month（'01'…'12'）+ day（'01'…'31'）+ hour（'01'…'24'）+ minute（'01'…'60'）+ second（'01'…'60'）

（5）仓位号 = '001'…'999'

（6）供应商编号 = 'KH-' + year + month（'01'…'12'）+ day（'01'…'31'）+ hour（'01'…'24'）+ minute（'01'…'60'）+ second（'01'…'60'）

（7）货物编号 = 'SP-' + year + month（'01'…'12'）+ day（'01'…'31'）+ hour（'01'…'24'）+ minute（'01'…'60'）+ second（'01'…'60'）

（8）横向标签 = 'X' + '01'…'99'

（9）纵向标签 = 'Y' + '001'…'999'

（10）仓位的横向坐标 = 'X' + '01'…'99' + 'X' + '01'…'99' + …

（11）仓位的纵向坐标 = 'Y' + '001…'999' + 'Y' + '001'…'999' + …

6.3 系统总体设计

在完成了系统的需求分析后，为了对系统设计有一个总体的认识，需要对系统进行总体设计，将系统分为若干个功能模块。

6.3.1 系统模块总体设计

在对系统进行总体设计时，我们用层次图来表示系统的总体结构，首先将系统分为六个功能模块，这六个功能模块表示了系统需要完成的六大功能，这些功能之间有着密切的联系，虽然从名称上听来它们是单独的个体，但它们在数据库中相互影响。

在对系统的总体模块进行了定义了的基础上，将各个功能模块进行细分，介绍每个功能模块需要完成的详细功能，在图中描述就像大功能模块长出的小分支，这样一直将功能细分，到最底层不能分割为止。

系统总体结构图如图 6.11 所示。

6.3.2 数据库的设计

1. 数据库逻辑结构设计

数据库的全局逻辑结构可以通过 E-R 图来图形化表示，根据对系统中数据流向的分析，得出数据库的逻辑结构如图 6.12 所示。

2. 数据库结构设计表

因为本系统中涉及对大量数据的存储、管理功能，所以需要使用数据库。数据库设计阶段是在系统数据流与数据字典的基础上，确定系统需要使用哪些数据表，每个表的定义情况，设计好数据库结构可以方便以后的数据操作。

本系统采用的数据库名为 CS_Management，包含所有需要的表，tb_Company，tb_EmpInfo，tb_GoodsInfo，tb_JhGoodsInfo，tb_CkGoodsInfo，tb_Stock_Code，tb_StockPositionCode，tb_TagCode。

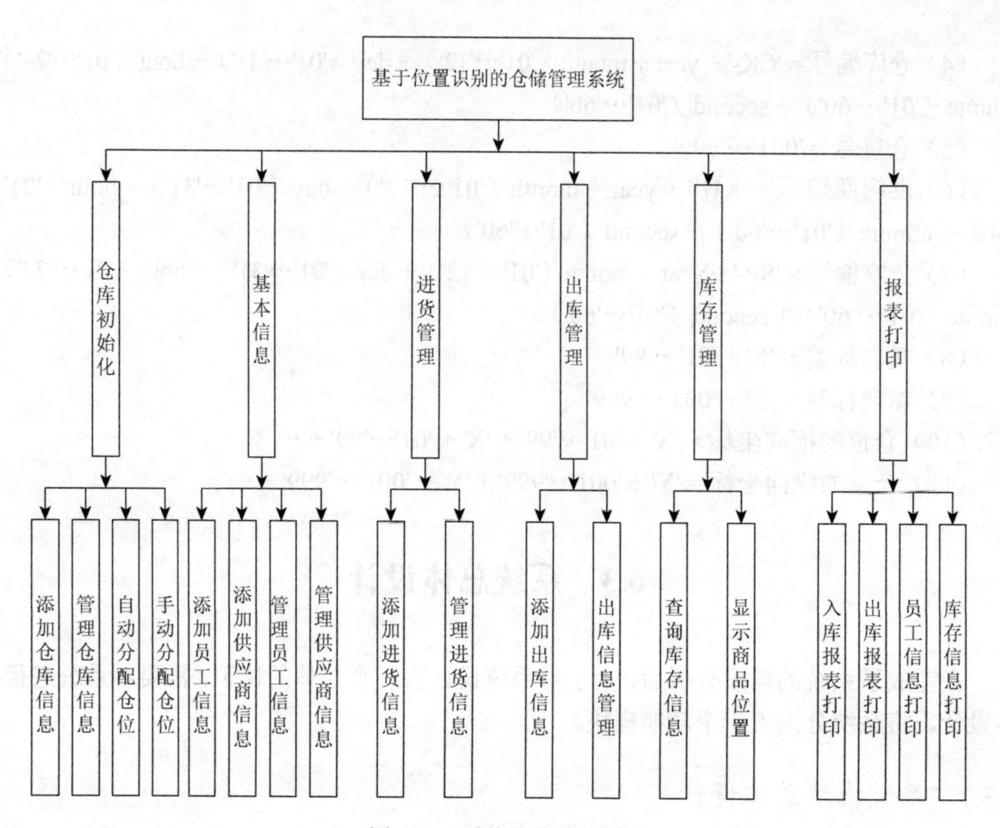

图 6.11 系统总体结构图

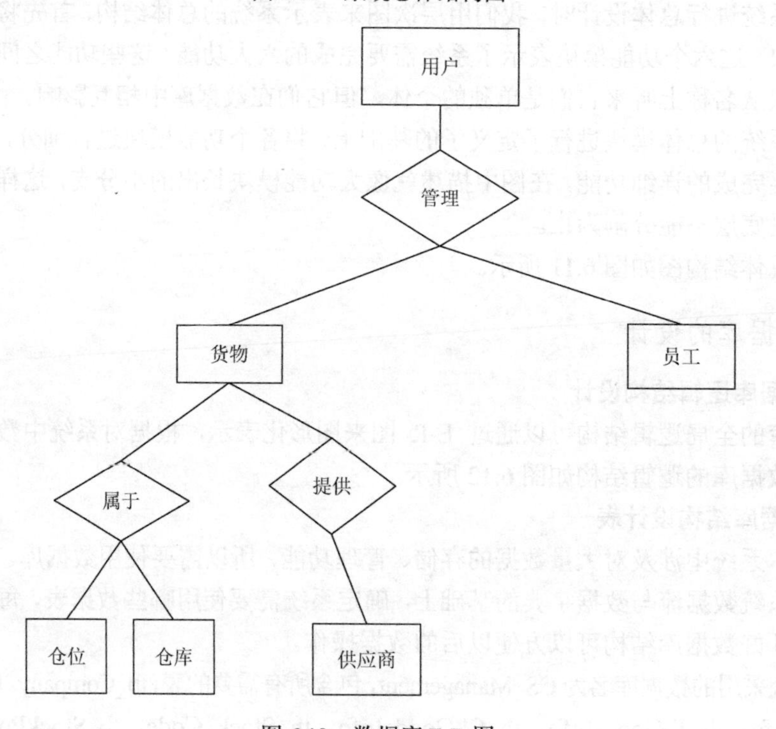

图 6.12 数据库 E-R 图

这 8 张表的具体介绍如下：

tb_Company 主要描述了货物的供应商，设计见表 6.1。

表 6.1　tb_Company 设计表

序号	英文名	中文名	类型	长度（字符）
1	CompanyId	公司编号	Varchar	50
2	CompanyName	公司名称	Nvarchar	100
3	CompanyDirector	公司负责人	Nvarchar	50
4	CompanyPhone	公司联系电话	Nvarchar	20
5	CompanyFax	公司传真	Nvarchar	20
6	CompanyAddress	公司地址	Nvarchar	200
7	CompanyRemark	备注	Nvarchar	400
8	ReDateTime	记录日期	Datetime	
9	Flag	标记	Int	

tb_EmpInfo 主要描述员工信息，设计见表 6.2。

表 6.2　tb_EmpInfo 设计表

序号	英文名	中文名	类型	长度（字符）
1	EmpId	员工编号	Varchar	50
2	EmpName	员工姓名	Varchar	50
3	EmpLoginName	登录名	Nvarchar	50
4	EmpLoginPwd	密码	Nvarchar	50
5	EmpSex	员工性别	Nvarchar	50
6	EmpBirthday	员工生日	Datetime	
7	EmpDept	员工所属部门	Nvarchar	50
8	EmpPost	职位	Nvarchar	50
9	EmpPhone	联系电话	Nvarchar	50
10	EmpPhoneM	家庭联系电话	Nvarchar	50
11	EmpAdress	家庭住址	Nvarchar	200
12	EmpFlag	标记	Int	

tb_GoodsInfo 描述库存货物信息，设计见表 6.3。

表 6.3　tb_GoodsInfo 设计表

序号	英文名	中文名	类型	长度（字符）
1	GoodsId	货物编号	Varchar	50
2	GoodsName	货物名称	Varchar	50
3	GoodsClass	货物类别	Varchar	50
4	GoodsNumber	货物数量	Int	

续表

序号	英文名	中文名	类型	长度（字符）
5	GoodsUnit	单位	Varchar	50
6	GoodsPrice	货物单价	Varchar	50
7	GoodsProduceDate	生产日期	Datetime	
8	GoodsArriveDate	到货日期	Datetime	
9	StockCode	仓库号	Varchar	50
10	StockPositionCode	仓位号	Varchar	50
11	CompanyName	供货商	Varchar	50
12	EmpName	经办员工	Varchar	50
13	Remark	备注	Varchar	

tb_JhGoodsInfo 描述进货信息，只是在 tb_GoodsInfo 的基础上加上了“InStockBillId，进库单编号，varchar，50”。而 tb_CkGoodsInfo 描述出库信息，设计见表 6.4～6.7。

表 6.4　tb_CkGoodsInfo 设计表

序号	英文名	中文名	类型	长度（字符）
1	OutStockBillId	出库表编号	Varchar	50
2	GoodsId	货物编号	Varchar	50
3	GoodsName	货物名称	Varchar	50
4	GoodsNumber	出库该货物数量	Int	
5	OutDate	该货物出库日期	Datetime	
6	EmpName	经办员工姓名	Varchar	50
7	Remark	备注	Varchar	250

表 6.5　tb_Stock_Code 仓库信息

序号	英文名	中文名	类型	长度（字符）
1	C_Stock_Code	仓库编号	Varchar	50
2	C_Stock_Name	仓库名称	Varchar	255
3	C_Stock_Description	仓库描述	Varchar	255

表 6.6　tb_StockPositionCode 仓位信息

序号	英文名	中文名	类型	长度（字符）
1	StockCode	仓库号	Varchar	50
2	StockPositionCode	仓位号	Varchar	50
3	StockPositionX	仓位坐标 X	Varchar	250
4	StockPositionY	仓位坐标 Y	Varchar	250
6	StockMaxContain	仓位最大容量	Int	

表 6.7　tb_TagCode 标签信息

序号	英文名	中文名	类型	长度（字符）
1	TagType	标签类别	Varchar	50
2	TagValue	标签值	Varchar	50
3	DeptCode	所属仓库	Varchar	50

6.4　系统详细设计

在系统总体设计已经完成的基础上，依次对系统的各个模块进行详细介绍，并且对系统的界面进行设计。

6.4.1　登录模块

登录模块是运行程序后看到的第一个窗体，仓储管理系统存储有企业的员工信息、供应商信息、库存信息等许多重要信息，并不是每个人都有权限能进入该系统。为了保证该软件中存储的数据的安全，进入系统必须通过用户名与密码的验证。该部分的流程如图 6.13 所示。

运行程序后，首先出现登录界面，需要输入用户名与密码，用户名与密码都不能为空，如果为空需要重新输入。如果用户名与密码都不为空，则可以在员工信息表中查找相应的用户名与密码，如果能够找到相关的用户名与密码，则可以进入系统主界面，如果找不到则会出现对话框提示“用户名与密码错误”，需要重新输入相关信息。

系统登录界面是进入系统的入口，用户名后的文本框里输入登录名，密码后的文本框里输入相应用户的登录密码（显示为***），如图 6.14 所示。输入后按“登录”按钮，若输入正确，例如输入用户名为“cangchuguanli”，密码为“123”，显示的系统主界面如图 6.15 所示。

系统主界面是登录后看到的第一个界面，里面包含了系统主要的模块，例如，仓库初始化、基本档案、进货管理、出库管理、报表打印。用户需要使用哪个模块的功能可以点击相应的模块，如果总模块下有子模块时，点击会出现下拉菜单，菜单栏里有相应的子模块功能，如图 6.16 所示。

6.4.2　仓库初始化模块

一般的仓储管理系统都是分为若干个仓位，每次货物进入时，指定货物放在相应的仓位。第一次进入该系统时是没有分配仓位的，只在 tb_TagCode 中描述了每个仓库的横向标签与纵向标签，仓库初始化就是将这些横向标签与纵向标签分配给相应的仓位。一个仓位所在的位置是它的横向标签与纵向标签相交叉的位置。例如，仓位 7 的横向标签为 X02，纵向标签为 Y004Y005Y006，则仓位 7 的位置如图 6.17 所示。

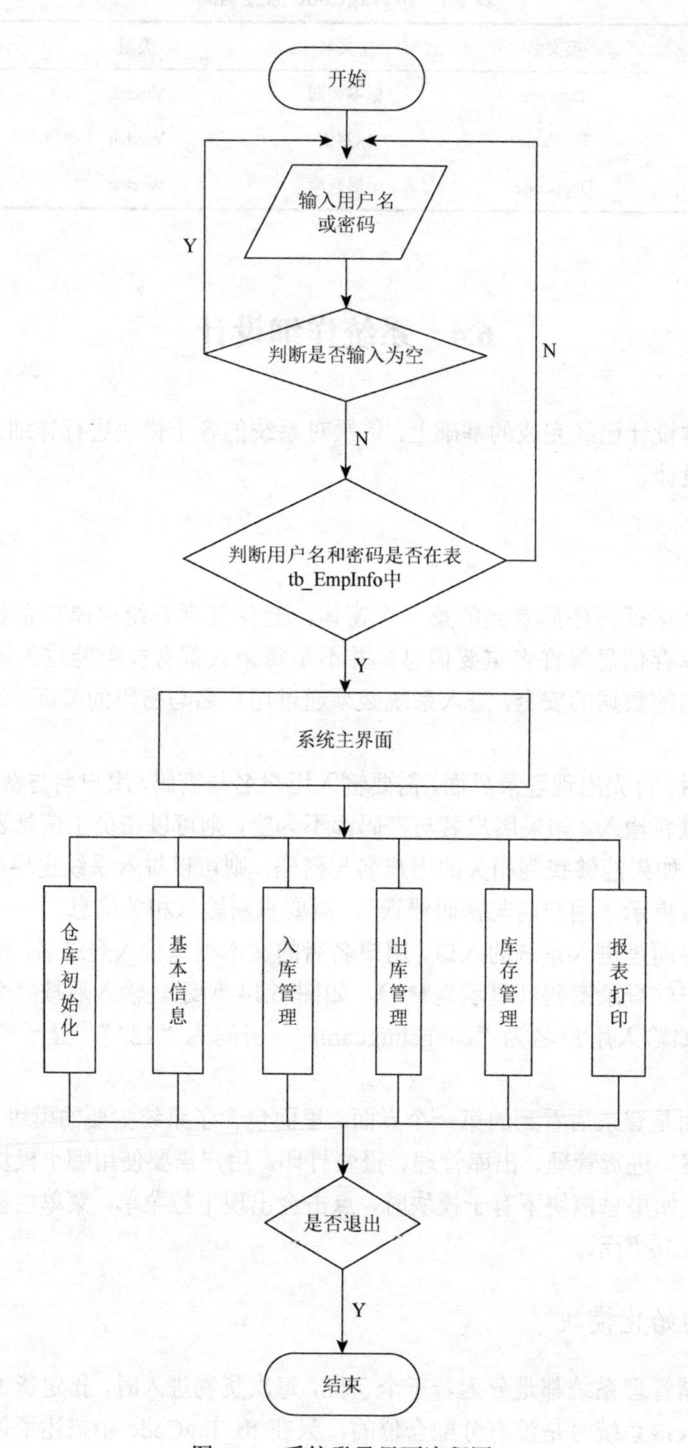

图 6.13　系统登录界面流程图

图 6.14　系统登录界面

图 6.15　系统主界面

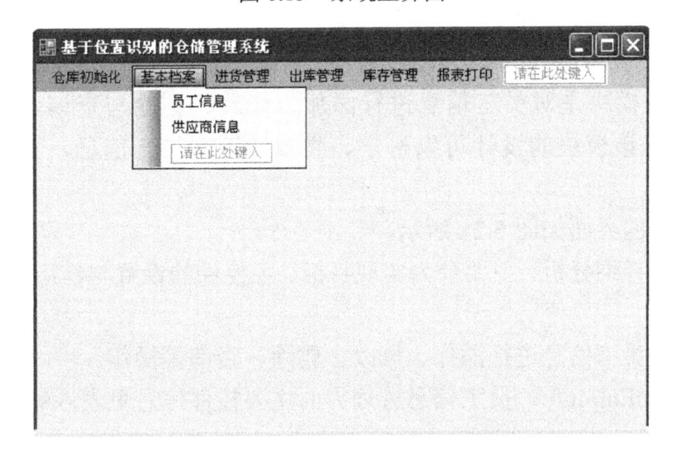

图 6.16　下拉菜单中显示子模块

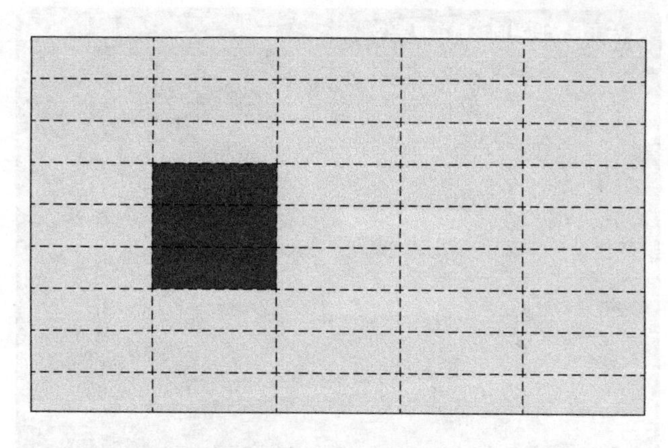

图 6.17　仓位的定义方法

仓库初始化的流程图如图 6.18 所示。

仓库初始化流程图介绍了对仓库的仓位进行分配，在知道横向/纵向标签数的前提下，我们输入的横向/纵向仓位数应该能够整除横向/纵向标签数，这样每个仓位所占标签数才可以平均。手动分配时会复杂一些，分配的仓位是长方形，也有可能会导致一些空余空间没有分配到仓位，手动分配需要自己能够计算好。

仓库初始化的界面如图 6.19 所示。

仓位初始化模块的实现目标：对仓库的仓位进行初始化，将一个仓库划分为数个仓位，货物是存放在仓位中的。

窗体名称：cangweiIni，仓位初始化主要控件信息见表 6.8。

6.4.3　基本信息模块

系统的基本信息包括员工信息与供应商信息，基本信息对于公司管理有重要意义，员工是为一个企业工作的人员，科学管理可以了解企业员工的各方面信息，使员工更好地为公司服务。供应商信息则是货物的来源，记录供应商信息，可以在进货时直接选择，不需要每次输入，可以大大提高速度，也可以降低输入的错误率。

管理员工信息的流程图如图 6.20 所示。

员工信息管理模块是对员工信息进行添加、修改、删除与查询，是对数据库知识的简单运用。通过该模块的设计可以科学、高效地管理员工信息，更好地为企业管理服务。

管理员工信息的界面如图 6.21 所示。

对该模块进行详细分析，主要分为实现目标、各控件的设置与作用，以及如何实现这些目标。

实现目标：对员工信息进行添加、修改、删除、查询等操作。

窗体名称：frmEmpInfo，员工信息管理界面主要控件信息见表 6.9。

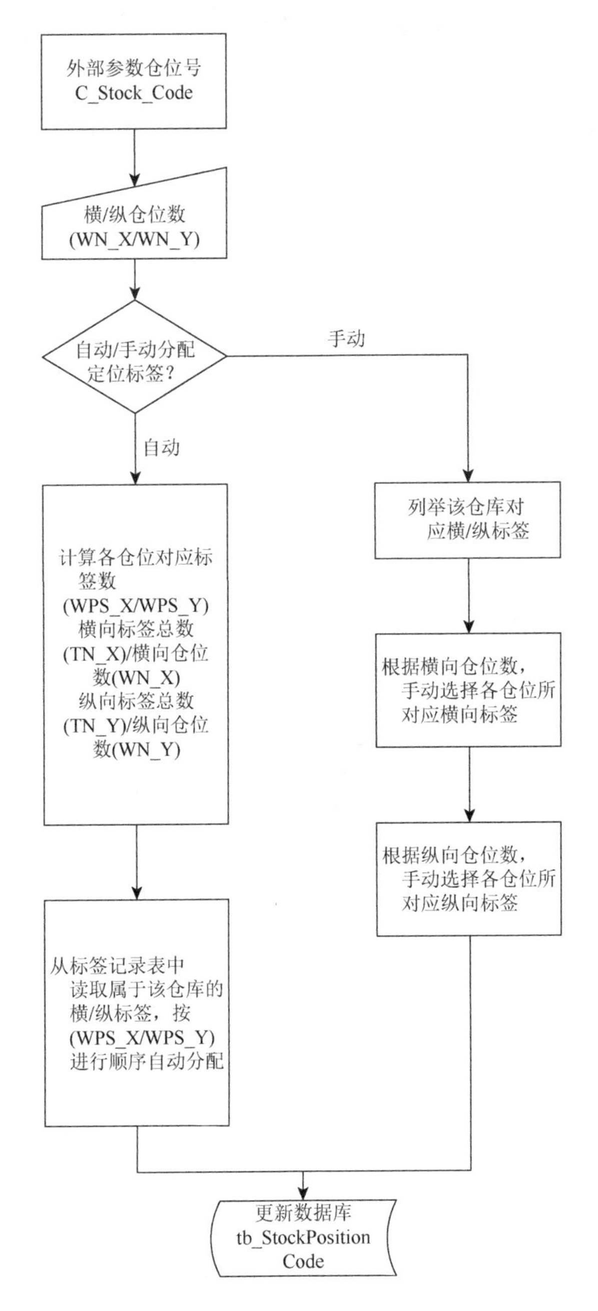

图 6.18　仓库初始化流程图

Windows 窗体中大部分功能是通过向其中添加控件，并对各控件添加函数方法实现的，因此，介绍每个控件的设置与作用可以使读者更加了解 Windows 窗体的功能。

管理供应商信息与管理员工信息的流程图、窗体中控件的设置相似，图 6.22 为管理供应商信息的界面设计。

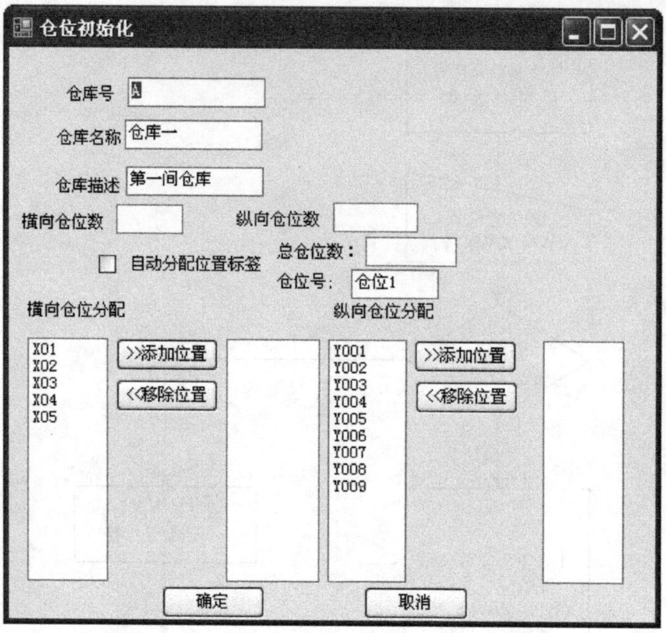

图 6.19　仓库初始化界面

表 6.8　仓位初始化主要控件信息列表

名称	主要属性设置	作用
StockNum	/	显示仓库号
StockNam		显示仓库名称
StockDesc		显示仓库描述
WN_X		横向仓位数
WN_Y		纵向仓位数
checkBox1		选择自动/手动分配仓位
txtMaxStockPositionCode		手动分配要分配的仓位总数
cangwei		正在进行手动分配的仓位号
listBoxH		显示/选择横向标签
buttonAdd1		将横向标签从 listBoxH 移动到 listBoxHD 中
buttonCancel1		将横向标签从 listBoxHD 移动到 listBoxH 中
listBoxHD		手动分配仓位时，仓位的横向标签
listBoxV		显示/选择纵向标签
buttonAdd2		将纵向标签从 listBoxH 中移动到 listBoxHD 中
buttonCancel2		将纵向标签从 listBoxHD 中移动到 listBoxH 中
listBoxH		手动分配仓位时，仓位的纵向标签
buttonOk		点击该按钮进行仓位分配
buttonCancel		点击该按钮取消仓位分配

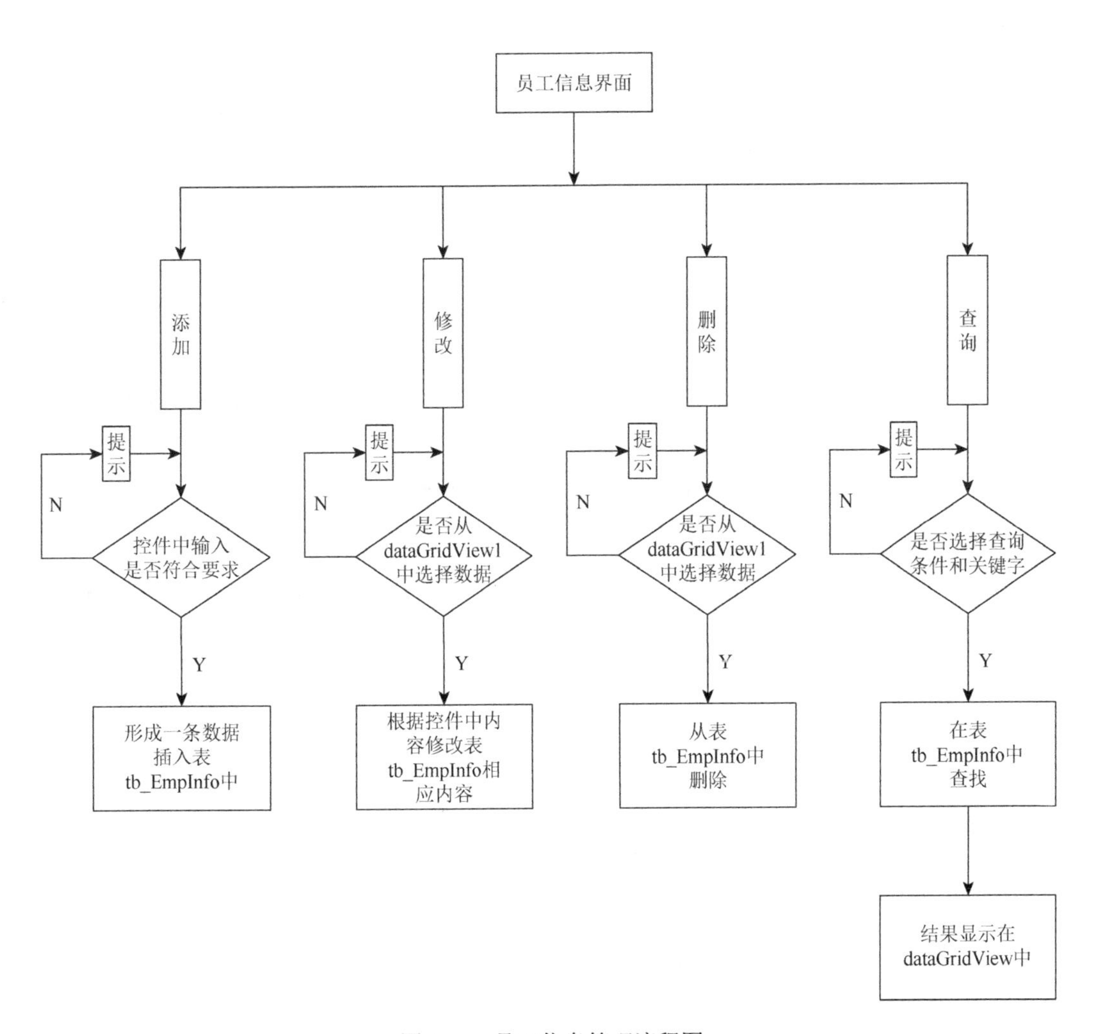

图 6.20　员工信息管理流程图

frmEmpInfo
保存 取消 添加 修改 删除 查询条件： 查找 退出
员工姓名： 出生日期：2013年 6月 2日星期日 性别：
系统登录名： 登录密码： 员工职位：
家庭电话： 手机号码： 所属部门：
家庭地址：

	员工编号	员工姓名	性别	所在部门	员工职位	联系电话
*						

图 6.21　员工信息管理界面

表 6.9　员工信息管理界面主要控件信息列表

名称	主要属性设置	作用
toolSave	Enabled = False	保存添加、修改、删除这些操作的结果
toolCancel	Enable = False	取消已进行的添加、修改、删除而没有进行保存的操作
toolAdd		点击该按钮进行添加操作，只有在保存按钮按下后提示添加成功才完成
toolAmend		点击该按钮进行修改员工信息，只有在保存按钮按下后提示修改成功才完成
toolDelete		点击该按钮，可以删除选中的员工信息，只有在保存按钮按下后提示删除成功才完成
cbxCondition	Item 的内容：员工姓名、员工性别、所属部门、员工职位	选择/显示查询条件
txtKeyWord		输入/显示查询的关键字
txtOK		按下该按钮开始查询，并显示查询结果
toolExit		按下该按钮，退出该窗体
txtEmpName		输入/显示员工姓名
daEmpBirthday		输入/显示员工生日
cmbEmpSex	Item 的内容：男、女	选择/显示员工性别
txtEmpLoginName		输入/显示员工登录名
txtEmpLoginPwd	UseSystemPassWord = True	输入员工的登录密码
cmbEmpPos	Item 内容：员工、部长	选择/显示员工职位
txtEmpPhoneM		输入/显示员工家庭电话
txtEmpPhone		输入/显示员工手机号码
cmbEmpDept	Item 内容：财务部、销售部、信息部	选择/显示员工所在部门
txtEmpAddress		输入/显示员工的家庭住址
dataGridView1		每次点保存时，显示表 tb_EmpInfo 中的相应内容，点查询时，显示查询到的全部内容

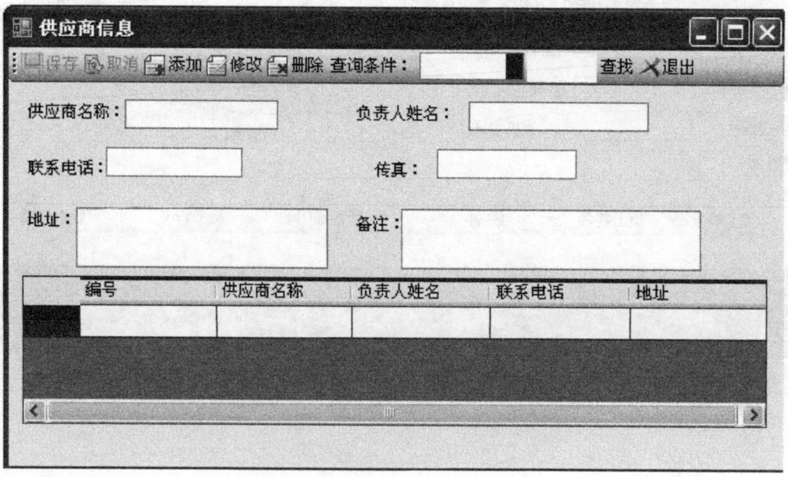

图 6.22　管理供应商信息界面

6.4.4 进货管理模块

进货管理是向仓库中放入货物,每次放入货物时,表示进货单的表中会增加一个条目,而表示库存的表中也会增加货物。进货管理模块的流程图如图 6.23 所示。

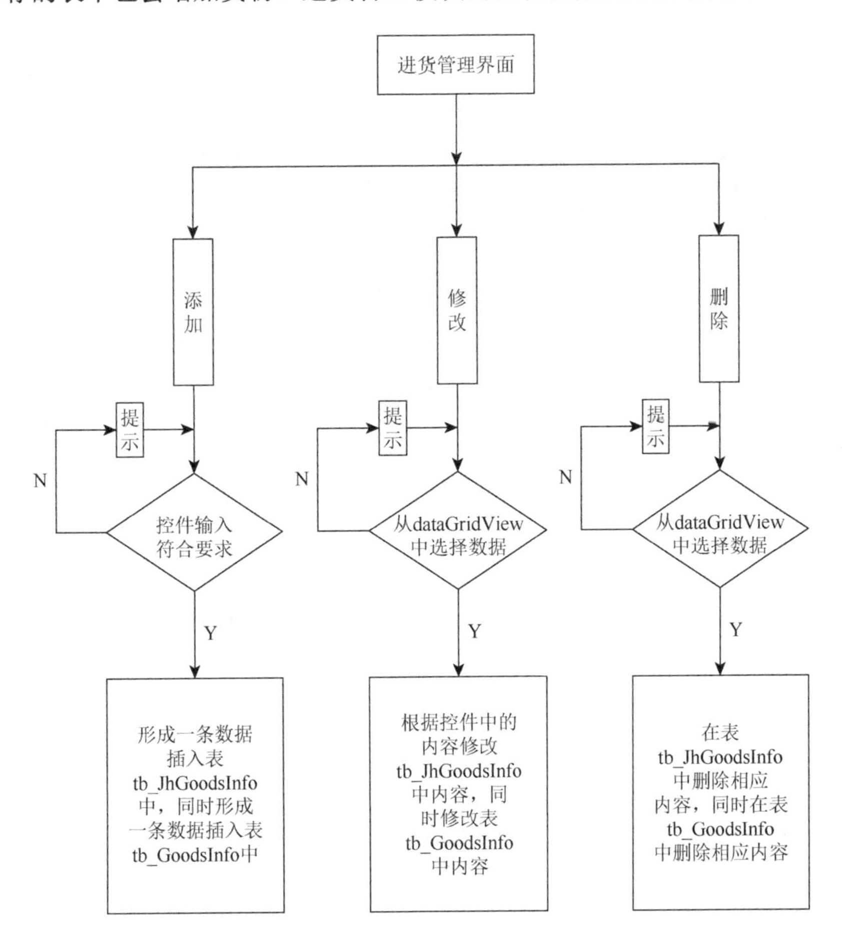

图 6.23　进货管理流程图

进货管理流程图介绍了每次有货物入库，仓库管理员在将货物进仓时，在仓库管理系统中做记录的过程，将每次进货的详细信息都进行记录，便于管理。

进货管理界面如图 6.24 所示。

该模块的主要是对进货信息进行添加、修改、删除，同时对库存商品进行添加、修改、删除等操作，各控件的设置与功能，见表 6.10。

该窗体中点击控件会显示出的窗体有 frmGongYingShang，frmCangku，frmCangwei，这些窗体都是通过 TreeView 控件显示数据库中某个表的所有相关信息。

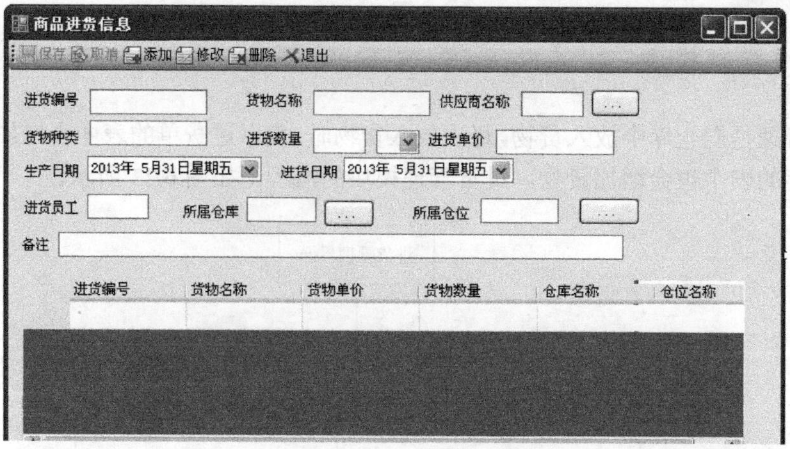

图 6.24　进货信息管理界面

表 6.10　进货管理界面控件主要信息列表

名称	主要属性设置	作用
toolSave	Enabled = False	保存添加、修改、删除这些操作的结果
toolCancel	Enable = False	取消已进行的添加、修改、删除而没有进行保存的操作
toolAdd		点击该按钮进行添加操作，只有在保存按钮按下后提示添加成功才完成
toolAmend		点击该按钮进行修改员工信息，只有在保存按钮按下后提示修改成功才完成
toolDelete		点击该按钮，可以删除选中的员工信息，只有在保存按钮按下后提示删除成功才完成
toolExit		退出该窗体
txtInstockBillId		显示自动生成的进货单编号
txtGoodsName		输入/显示正在进货的货物名称
txtJhCompName		显示供应商名称
button1		点击该按钮显示 frmGongYingShang 窗体
txtGoodsClass		输入/显示货物种类
txtGoodsNumber		输入/显示进货数量
cmbGoodsUnit		选择/显示货物单位
txtGoodsPrice		输入/显示货物价格
ProduceDate		选择/显示货物的生产日期
ArriveDatc		选择/显示货物的到货日期
txtEmpName		输入/显示经办员工
txtStockCode		显示仓库号
button2		点击该按钮显示 frmCangku 窗体
txtStockPositionCode		显示仓位号
button3		点击该按钮显示 frmCangwei 窗体
txtRemark		输入/显示备注
dataGridView1		每次点保存时，显示表 tb_JhGoodsInfo 中的相应内容

6.4.5 出库管理

出库与入库相对，是将货物从仓库中取出，取出的货物必然是仓库中已经存在的，因此出库不仅会影响表 tb_CkGoodsInfo，还会影响到表 tb_GoodsInfo。出库管理的流程图如图 6.25 所示。

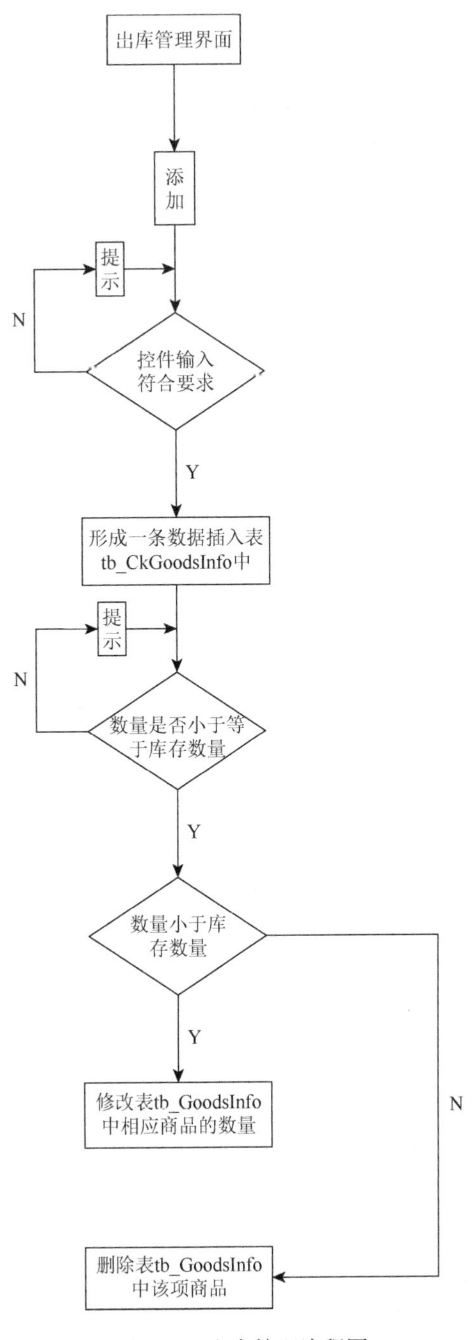

图 6.25 出库管理流程图

因为出库管理中的货物是库存中存在的，若系统中有修改出库信息的功能，如果该批货物已经全部出库，再修改时 tb_GoodsInfo 中没有相应的内容，所以该系统中没有设置修改出库单的功能，必须修改时可以通过先入库再出库修改。同理，删除出库信息，需要恢复 tb_GoodsInfo 中内容，若货物全部出库，恢复比较困难，所以没有设置删除出库单信息的功能。

出库管理窗口实现的主要目标是形成出库表，并且修改库存信息。出库管理窗口的各个控件与功能见表 6.11。

表 6.11　出库管理界面控件主要信息表

名称	作用
toolSave	保存添加操作的结果
toolCancel	取消已进行的添加而没有保存的操作
toolAdd	点击该按钮进行添加操作，只有在保存按钮按下后提示添加成功才完成
toolExit	退出该窗体
txtOutStockBillId	显示自动生成的出库单编号
txtGoodsId	显示选择的货物编号
button1	点击该按钮显示 frmSelectGood 窗体，该窗体显示所有的货物编号（编号的子结点是货物名称）
txtGoodsNumber	输入/显示出库数量
dtOutDate	选择/显示出库日期
txtEmpName	输入/显示经办员工
txtRemark	输入/显示备注信息
dataGridView1	点击“保存”按钮，显示所有出库单信息

6.4.6　库存查询

库存查询功能可以实现通过关键字查找出相应的内容，并且可以显示指定货物的大致位置。库存查询的流程图如图 6.26 所示。

显示货物位置的算法的伪代码如下：

```
BEGIN(算法开始)
{
   横向标签总数->查询 tb_TagCode 得到值
   纵向标签总数->查询 tb_TagCode 得到值
   定义一个横向标签区间与纵向标签区间的长度
   画出矩形图代表整个仓库
   在矩形中画出许多条虚线描述仓库标签
   根据 StockPositionX 与 StockPositionY 得出货物所在仓位的矩形图
   用绿色填充货物所在仓位的矩形
}
```

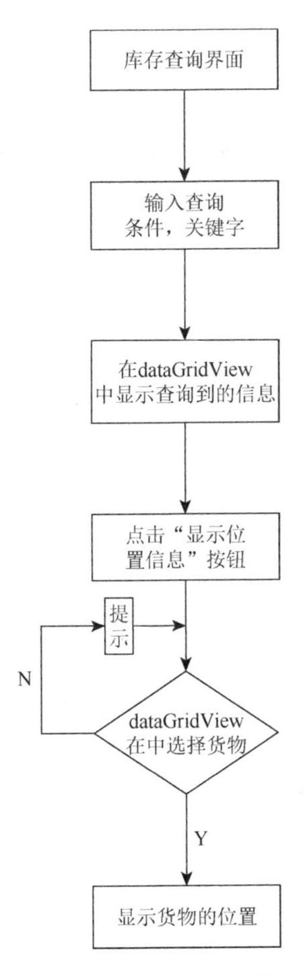

图 6.26　库存查询流程图

库存查询界面如图 6.27 所示。

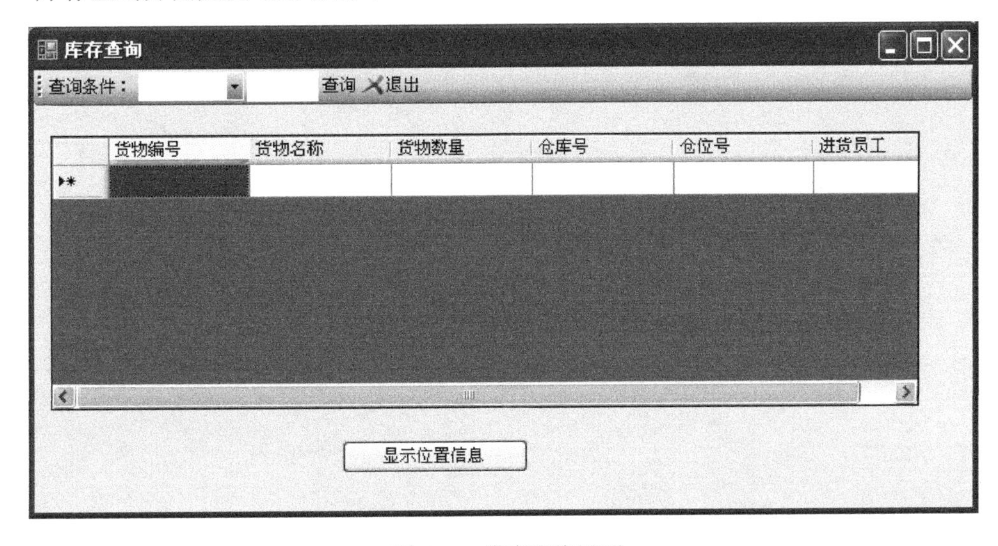

图 6.27　库存查询界面

库存查询界面的主要目标是查询仓库中货物的详细信息，该界面的主要控件信息，见表 6.12。

表 6.12　库存查询界面主要控件信息表

名称	作用
cmbCondition	选择/显示查询条件
txtKeyWord	输入/显示查询关键字
toolOk	点击该控件开始查询
toolExit	退出该窗体
dataGridView1	显示查询结果
buttonWeiZhi	点击该按钮显示窗体 frmPosition

点击 buttonWeiZhi 会显示窗体 frmPosition 窗体，这个窗体将仓库的形状和标签画出，并用绿色显示货物所在的仓位的位置。

6.4.7　报表打印功能

VS2010 不再像 VS2008 那样附带有水晶报表打印功能，为了使用报表打印功能需要安装专门的文件：

（1）CRforVS_13_0.exe，安装后包含有所有水晶报表需要的 dll 文件。

（2）CRforVS_mergemodules_13_0.zip 包含有水晶报表部署时用到的文件。

（3）CRforVS_redist_install_32bit_13_0.zip 包含只支持 32 位系统的包。

为了可以新建水晶报表还需要将项目属性—目标框架由.Net Framework 4.0 Clinet Profile 改为.Net Framework 4

完成上述工作后就可以按照 VS2008 制作水晶报表的方法开始制作水晶报表了。

第 7 章 基于 RFID 的公共场所人流量监控

7.1 背 景

对公共场所人流量的监控可对人流量大的出口/入口进行及时地人群疏散，有效防止挤压踩踏等恶性事件发生。在公共场所对人流量的监控，目前存在的方法主要有：工作人员现场检测控制、视频监控、红外监控、利用 RFID 技术等。其中，利用 RFID 技术监控人流量的方法主要是根据大家携带的附有电子标签的一卡通或门票等利用读写器读取到的信息统计出当前的人流量/客流量。本文中利用 RFID 技术监控人流量是通过检测信号强度的变化，并将其与基准值以及相应的临界值对比，判断当前的人流量以及人流速度，进而推测出当前的通道是否拥堵。另外，还可根据数据的变化趋势，预测出未来一段时间当前出/入口人流量的情况，并作出相应的处理，及时作出人流疏散策略，引导人群以最快的速度通过，防止挤压踩踏等恶性事件发生。

通过 RFID 技术进行人流量的监控，可以大大减少人力财力的支出。对于公共场所不便使流动量大的人群配置人手一个的电子标签时，这种在通道两侧设置读写器和电子标签，通过信号强度的变化来检测当前的人流量，并且在通道上方与下方分别设置电子标签矩阵和读写器，用来检测当前人群的覆盖面积，更好地判断当前进/出口人流的拥堵情况。

当 RFID 方法与技术真正地应用到实际生活中时，它将给我们带来很大的便利。例如，零售商可以通过各个进出口的人流量来衡量自己的楼层布局进而吸引客户；商城管理人员可以据此在整个商场不同地点的商店设置不同的租赁费率；博物馆馆长可以据此判断展品布局的调整是否必要等。当然，其最大的优势是在公共场所的各个通道使用该技术，实时监测人流量，并在需要进行人流疏散时给出最好的疏散策略，使人群有序进入/离开通道，能够有效防止发生挤伤踩压等恶性事件，同时，也希望为人流量监控领域提供新的思路。

7.1.1 现有技术分析

目前国内外对于公共场所人流量的监控主要集中于智能视频监控、红外监控以及 RFID 等的研究上。其中，目前利用 RFID 技术对公共场所人流量检测的主要研究是围绕被检测人群携带嵌有电子标签的卡片进行。

视频监控系统就是提供实时监视的手段，并对被监视的画面进行录像存储和事后回放。视频监控从有人值守监控到无人值守监控、从现场监控到远程监控、从非智能化到智能化逐步发展。最早的视频监控是以磁带录像机为代表的模拟闭路电视（closed circuit television，CCTV），紧接着以数字存储为核心的硬盘录像机（disital video recorder，DVR）出现，目前完全基于网络的视频监控系统（IP video recorder，DVR）正在发展中。其中，视频监控研究的关键技术主要有视频图像的光照处理、目标跟踪、目标识别以及行为分析等。

红外目标检测技术以红外目标检测系统为载体，原理是利用红外辐射差异来进行目标的识别。红外目标检测技术目前的研究主要集中于特征提取的方法、径向基神经网络、图像处理、小目标识别等问题。利用红外技术对人流量检测的主要应用的研究主要集中于大型的商场、公交车、景区等，现在已经投入应用的红外检测人流量的产品有无线客流量计数器、红外计数器、红外线客流统计器等。在利用 RFID 技术检测人流量的研究上，目前的检测方法有：目标群体携带嵌有电子标签的卡片依据读写器读渠道的数据来进行人流量的检测方法；RFID 与广义回归神经网络模型相结合进行人流量统计的方法；RFID 技术与 ZigBee 技术相结合进行人流量的检测。本文提出的基于 RFID 检测人流量的方法，目前的研究较少。

总的来说，这些人流量检测方法具有以下的缺点：

（1）视频监控受到的影响因素太多，例如光照、恶劣的天气、遮挡等。

（2）红外检测技术的技术要求高，受大气折射、镜头污染/变形、折射等影响。

（3）利用 RFID 技术使目标群体携带嵌有电子标签的卡片来进行人流量检测的方法必须要求人群携带该卡片，在人群流动大的公共场所不可行。

（4）成本较高，后期维护比较麻烦。

7.1.2 应用 RFID 技术的解决思路

目前人流量监控研究的空缺提出公共场所人流量监控的方法，其中针对需要解决的问题提出的解决方法主要有：

（1）尽可能减少环境因素的影响，例如天气原因、大气折射、设备受污染等。本文选用 RFID 技术作为主要的技术，其系统由电子标签、读写器、应用系统等组成，设备的具有高耐磨损性、高耐环境性，受周围环境的影响小。

（2）对于客流量较大的公共场所，RFID 技术当前在人流量监控方面的应用并不适用，要求大家都携带嵌有电子标签的卡片在目前还不能实现，所以虽然 RFID 技术的相关应用设备具备高耐环境的特性，但是 RFID 技术的应用还需要进一步的改善。对此，本文提出针对 RFID 链路信号强度的变化以及结合 LSI 来进行人流量的检测与监控，很好的补足当前应用的缺点。

（3）根据通道两侧的标签阵列的数据分析 RFID 链路的状态进行人流量的判断可能数据太单一，为使检测的结果更准确，本文结合 LSI 来具体分析人群的覆盖面积，不仅可以验证当前的检测结果，也可为短时间内人流量的变化做出一定的预测。

本文介绍的方法的主要思路是：第一，建立人流量检测模型，并且依此测得大量的数据，进而建立判断当前人流量的基准值和极值；第二，进行实时数据的获取；第三，将获得的数据与当前的标准相比较，判断当前人流的情况。

7.2 障碍物对 RFID 链路状态的影响

障碍物对 RFID 链路状态的影响是本文研究的基础，通过实验具体研究障碍物的宽度以及遮挡范围对 RFID 链路状态的影响。其中，接收信号强度指示（received signal strength indicator，RSSI）值是衡量 RFID 链路状态的一个标准。

RSSI 的实现是在反向通道基带接收滤波器之后进行的，RSSI 值是对当前信道中信号功率电平的评估值，范围一般为 120 db（最弱）～0 db（最强），正常范围为 87 db～45 db。不同芯片的供应厂商，其 RSSI 值规定的范围是不一样的，是一个相对的衡量标准。目前 RSSI 在 RFID 技术的应用中常与空间传播损耗模型相结合，推导出 RSSI 与标签和读写器之间的距离的关系，这方面通常应用在室内定位的研究上。本文主要是对 RSSI 的变化趋势及极值进行研究，推测出当前的人流量，目前 RSSI 在这方面的研究还有空缺，尚待完善。

7.2.1 障碍物对 RFID 信号强度的影响实验

本次实验所采用的是 UHF RFID 模块，标签与读写器的距离固定为 30 cm，将标签数、天线数、障碍物宽度等作为变量进行研究。

在此次实验中，RSSI 的值是根据信号幅度，从芯片中获取的，该 UHF 模块的射频芯片采用的是韩国的 PR9200，芯片中有专门读取 RSSI 值的寄存器，当数据包接收后，芯片中的协处理器将该数据包的 RSSI 值写入寄存器。PR9200 是一款真正的 UHF RFID 读写单芯片解决方案，集成了高性能的 UHF 射频收发器、基带处理器、工业级增强型 80C52 单片机、存储器（64 K 闪存 16 K SRAM），以及其他强大的功能，完全支持 ISO18000-6C & EPC C1G2 协议，PR9200 具有集成度高、功耗低、成本低、封装小等特点。PR9200 的高度集成有效地减少了读写器的尺寸、成本及功耗，从而很大程度上拓展了 UHF RFID 的应用领域。PR9200 芯片的特征如下：

MCU：80C52 单片机

工作频率：UHF 频段 860～960 MHz

支持协议：ISO 18000-6C & EPC Gen 2

封装：7 mmx7 mm；48 QFN

工作电压：单电压 3.3 V

工作电流：110 mA

输出功率：8 dBm

通信接口：UART、GPIO

7.2.2 障碍物宽度对 RFID 信号强度的影响

障碍物宽度对 RFID 信号强的影响研究中，单标签与多标签的实验结果相似，在此处以单标签实验为例。在实验前，经过测试纸质、木材、水、铁等障碍物对 RSSI 的影响强弱，最终选择对其影响明显的纸质书本作为障碍物。实验过程如下：

（1）将标签与读写器固定，标签与读写器距离 30 cm。

（2）将障碍物放在标签与读写器之间，固定障碍物的位置。

（3）改变障碍物的宽度，障碍物的宽度分别为 0 cm、10 cm、20 cm、30 cm，并将数据记录下来。

（4）将记录的数据进行整理，最终实验数据的处理如图 7.1 所示。

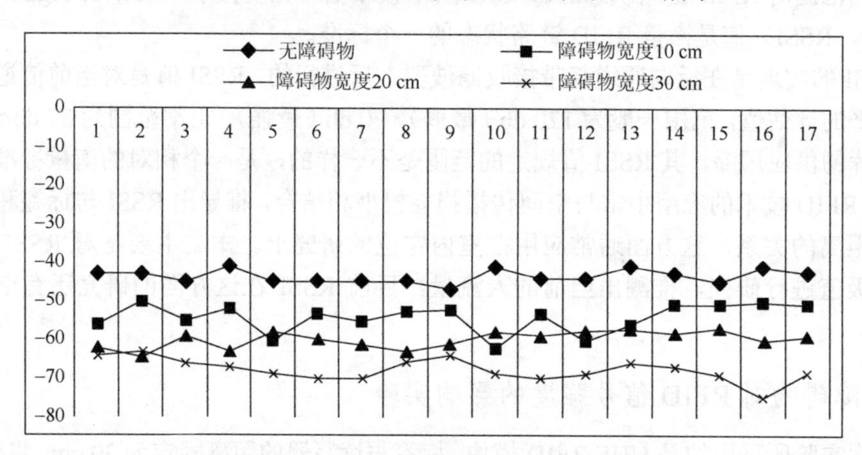

图 7.1 不同宽度障碍物影响下 RSSI 值的变化

由实验数据结果可得出如下结论：在标签与读写器的距离一定时，障碍物宽度越厚，RSSI 的值越小。

7.2.3 不同遮挡范围对 RFID 信号强度的影响

在不同遮挡范围对 RFID 信号强度影响的研究中，实验目的是研究不同的遮挡范围对 RSSI 值的影响，另外分析多标签情况下单天线与多天线对实验数据的影响。在实验中采用多标签进行研究，其中标签数量为 9 个，标签 3×3 矩阵排列，采用纸质书本作为障碍物。实验过程如下：

（1）将标签与读写器固定，标签与读写器距离 30 cm。

（2）将障碍物放在标签与读写器之间，固定障碍物的位置。

（3）改变障碍物对 3×3 标签矩阵的遮挡范围，分别记录无遮挡、部分遮挡、全部遮挡的数据。

（4）改变天线的数量，记录单天线与多天线情况下障碍物不同遮挡范围的数据变化与区别。

（5）将记录的数据进行整理，最终实验数据的处理如图 7.2～图 7.3 所示。

以上是单天线与多天线情况下标签 3×3 矩阵排列不同遮挡范围下 RSSI 的变化趋势。为更清楚直观地展现单天线与多天线对实验数据的影响，得出如图 7.4 所示的结果。

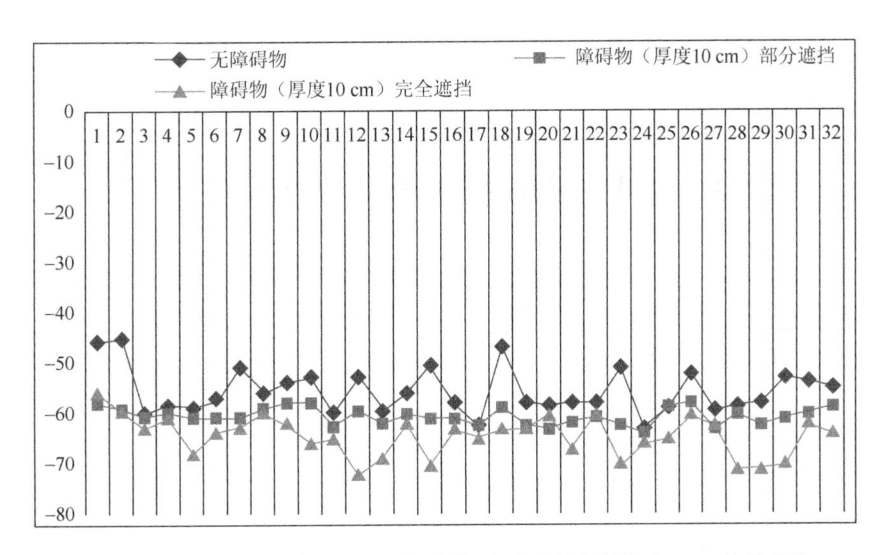

图 7.2　单天线情况下标签 3×3 矩阵排列不同遮挡范围下 RSSI 值的变化

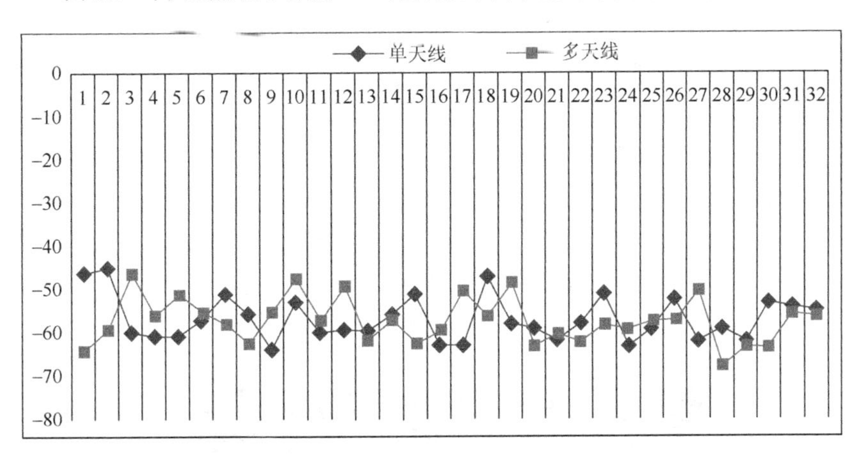

图 7.3　多天线情况下标签 3×3 矩阵排列不同遮挡范围下 RSSI 值的变化

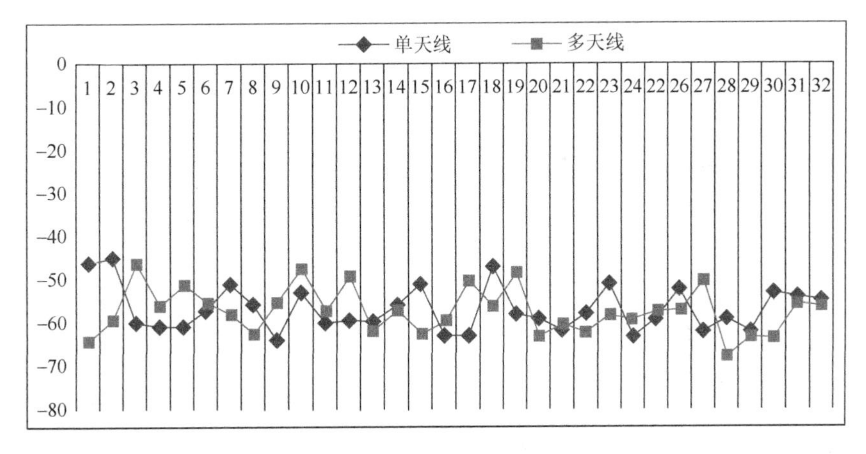

图 7.4　无遮挡情况下单天线与多天线 RSSI 值的比较

由实验数据结果可得出如下结论：在标签与读写器的距离一定时，标签数量一定，障碍物遮挡范围越大，RSSI 的值越小；在标签与读写器的距离一定时，多标签情况下，使用多天线可以降低数据的丢失率。

7.3 基于 RFID 技术的人流量监控系统

基于 RFID 技术的人流量监控系统主要由四大部分组成，其中有一部分的标签阵列用来检测即将通过通道的人群的覆盖面积，另外一部分的标签阵列用来检测通道处人群的移动速度及范围。通过理论知识对整个系统的架构进行设计，通过实验对系统的可行性进行分析。

7.3.1 系统构成

本文提出的公共场所人流量监测系统主要由四部分组成，在通道两侧的读写模块和 RFID 阵列。读写模块与 RFID 阵列进行信息的传递和交换，并将接收到的信息传送给处理单元，处理单元将接收到的数据进行处理并且与系统的基准值作对比，判断当前的人流速度及人流的宽度，与此同时，在通道内的上方，有另一个 RFID 阵列，该阵列用来检测当前的人群覆盖面积，进一步验证当前的人流量。具体的分布如图 7.5 所示。

（1）RFID 阵列 1。该阵列是检测当前区域人群的覆盖面积的主要组成部分。RFID 阵列 1 置于距出口/入口一定距离的上方/下方墙壁，在人流通过出口/入口的时候会先经过 RFID 阵列 1，它是由一定数量（按情况而定）的标签规则排列组成。在 RFID 阵列 1 的正下方/正上方会有与（2）相同的读写模块并连接（4），若在实际的应用中，RFID 阵列 1 在（3）的读写范围内，那可不用在其正下方/正上方布置读写器。

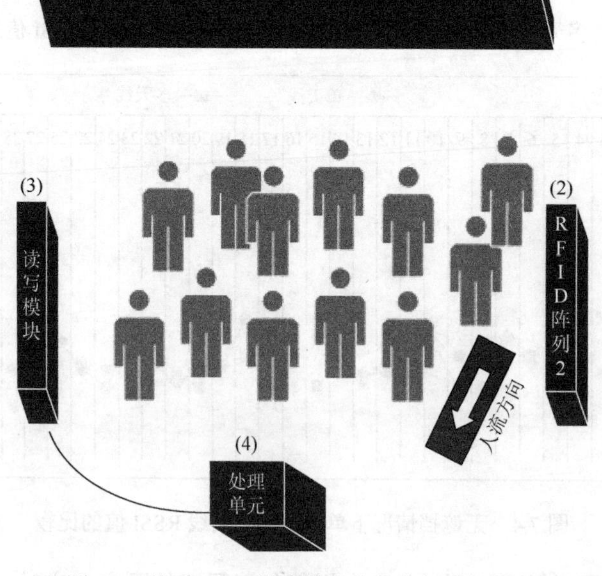

图 7.5 基于 RFID 技术的人流量监控系统构成

（2）RFID 阵列 2。该阵列是用来检测并判断当前人流的速度的主要组成部分。RFID 阵列置于出入口的一侧，由若干标签按一定的规则排列。（1）和（2）的组成大致相同，不同的是在后期数据处理中，对（1）进行读写次数的数据处理，对（2）进行型号强度的数据处理。

（3）读写模块。读写模块主要用来发送射频信号并接收 RFID 阵列的信号，它置于出口/入口的另一侧，与 RFID 阵列正对，中间是人流通过的地方。读写模块由若干天线组成，天线的具体布置方法将依据实际情况进行，天线的理想放置位置是读写模块可以接收到所有 RFID 标签的信号。

（4）处理单元。处理单元用于存储系统的基准值以及相应的临界值，当读写模块将信息传到处理单元以后，处理单元将会对接收到的数据进行处理，并将结果与基准值和临界值相对比，判断出当前的人流量。处理单元一般是由计算机和读写器组成。读写器用于处理接收到的信息并作出相应的转换以后传递给计算机，计算机接收到信号以后，通过软件/算法对数据进行处理，并分析得出当前的人流量。

7.3.2 基于 LSI 提取人群覆盖面积的原始数据

人群的覆盖面积的判断对当前人流量的分析至关重要，主要利用到位于距出口/入口一定距离的上方/下方墙壁上的 RFID 标签阵列 1。本文采用数据链路状态值（link state indicator，LSI）来提取人群覆盖面积的数据。LSI 是测试环境下 RFID 标签在单位时间内被读写器读到的比例，它用来表示 RFID 标签和 RFID 天线之间被遮挡的状态。LSI 的定义式为

$$\mathrm{LSI}=\frac{C_t}{C_0}$$

其中，C_t 表示在 t 时刻读写器在单位时间内读到某一标签的次数，C_0 表示在标签与天线之间没有障碍物时读写器在单位时间内读到该标签的次数。C_t 与 C_0 的区别在于 C_0 是一个基准值，是在标签与天线之间没有障碍物时多次试验取得的平均值，C_t 是在实际应用中测得的即时值，此时标签与天线之间可能无障碍物、被障碍物部分遮挡、被障碍物全部遮挡等情况。

标签按照规则的矩阵排列，则读写器获得的 LSI 数据也可以按照矩阵的方式排列，依此获得矩阵 A，

$$A=\begin{pmatrix} A_{11} & \cdots & A_{1n} \\ \vdots & A_{ij} & \vdots \\ A_{m1} & \cdots & A_{mn} \end{pmatrix}$$

其中，A_{ij} 表示 RFID 标签阵列中第 i 行 j 列的 LSI 的值。

另外，依据 LSI 的定义，A_{ij} 的值可以大致划分为三个部分（无遮挡、部分遮挡、完全遮挡）来进行讨论分析。如下：

$$A_{ij}=\begin{cases}0, & \mathrm{LSI}\in[\alpha,\infty)\\1, & \mathrm{LSI}\in[\beta,\alpha)\\2, & \mathrm{LSI}\in[0,\beta)\end{cases}$$

标签无遮挡

标签部分遮挡

标签完全遮挡

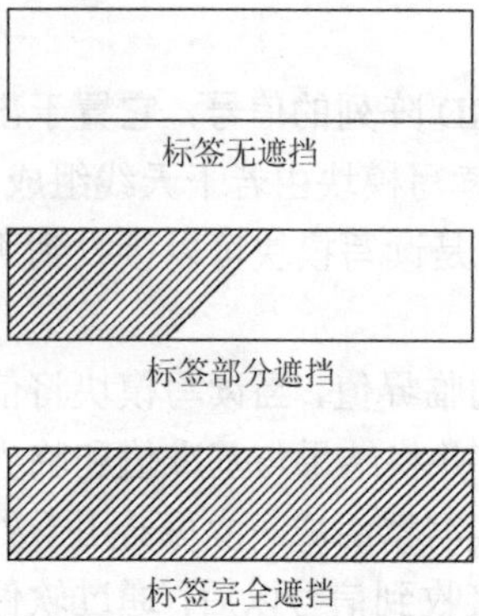

图 7.6 标签不同遮挡范围图例

其中，α，β 是基准值，α 为无遮挡情况下读写器读到标签次数的平均值，β 为完全遮当情况下读写器读到标签次数的平均值。在实际的应用中，α，β 这两个基准值需要根据实际情况进行测量。LSI 大于 α 时，表明其链路状态好，无其他影响，当前的信号强度强，此时 A_{ij} 的值定义为 0，表示 RFID 标签阵列与天线之间无障碍物遮挡；LSI 小于 β 时，表明其链路状态较差，当前的信号强度弱，此时 A_{ij} 的值定义为 2，表示 RFID 标签阵列与天线之间被完全遮挡；LSI 大于 β 小于 α 时，A_{ij} 的值定义为 1，表示 RFID 标签阵列与天线之间部分被遮挡，如图 7.6 所示。

7.3.3 基于矩阵对人群覆盖面的分析

基于上文，在实际的应用中，我们可以提取到矩阵 A 的数值，依据矩阵 A 中 0，1，2 的分布情况大致推测出当前出口/入口人群的覆盖面积。下面以 5×5 RFID 标签阵列进行分析探讨。

情况一：人群主要分布在通道的一侧，此时 RFID 标签阵列的矩阵 A 值的分布如图 7.7 所示。

2	1	0	0	0
2	2	1	0	0
2	1	2	1	0
1	2	1	0	0
2	0	1	0	1

图 7.7 人群分布在通道一侧

由图可以看出，RFID 标签阵列的左侧遮挡严重，此时人群主要分布在通道的一侧，可以判断出当前的人群覆盖面积不大，目前的通道通畅。

情况二：人群主要分布在靠近出口/入口的地方，此时 RFID 标签阵列的矩阵 A 值的分布如图 7.8 所示。

0	0	0	0	0
0	1	1	0	0
1	2	2	1	1
2	1	2	2	2
2	2	1	2	1

图 7.8 人群主要分布在靠近通道处

由图可以看出 RFID 标签阵列与人流方向相同的一侧遮挡严重，此时人群主要分布在通道口，可以判断出当前的人群虽然覆盖面积不大，但通道口较为拥挤，虽经过一段时间以后该状况会有所减轻，但还是有必要采取一定的措施来预防当前通道发生意外事故。

情况三：人群当前在 RFID 标签阵列区域几乎全部覆盖，此时 RFID 标签阵列的矩阵 A 值的分布如图 7.9 所示。

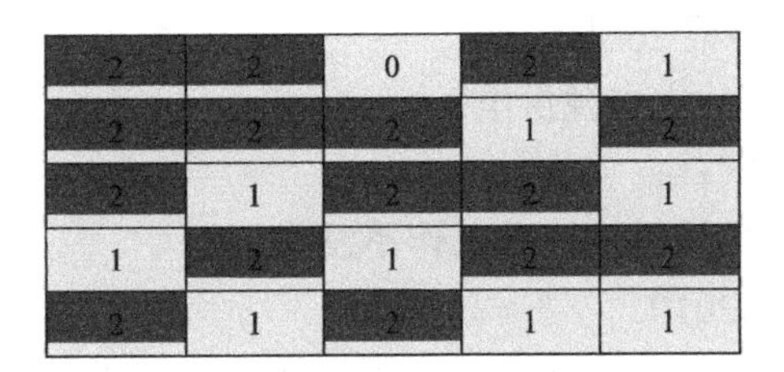

2	2	0	2	1
2	2	2	1	2
2	1	2	2	1
1	2	1	2	2
2	1	2	1	1

图 7.9　人群几乎完全覆盖标签阵列

由图可以看出 RFID 标签阵列当前几乎全被人群遮挡，当前的人群覆盖面极大，必须采取相应的措施来对该通道进行人流疏散，防止意外事故的发生。

情况四：人群的分布比较零散，部分的标签被遮挡，此时 RFID 标签阵列的矩阵 A 值的分布如图 7.10 所示。

2	0	1	0	2
1	0	0	0	0
0	0	2	0	0
0	1	0	0	2
0	0	0	1	0

图 7.10　人群非常分散覆盖面小

由图可以看出当前的人群覆盖面积小，通道通畅，若其他通道发生拥堵，可适当地将人群引导至该通道进行人群的疏散。

在实际的应用中，矩阵 A 的数值分布情况远远不止这四种，需要依据当前所得的数据进行适当判断。这一系列的动作可由计算机进行处理，在计算机中存取 A 的基准值，将实际测的数据与之对比，得出当前的人群覆盖面积，若当前某出口/入口人群覆盖面积大则通知相关人员进行相应的处理。

7.4　人群移动速度及范围检测

在前面部分已经对 RSSI 以及障碍物对 RSSI 的影响作了具体的阐述。在 RFID 对公共场所人流量监控应用的研究中，RSSI 值的测量以及其变化趋势的研究具有重要的作用。在本节中，利用 RSSI 的变化趋势来对当前出口/入口的人群移动速度及宽度进行实时的监测，这部分的 RFID 标签阵列位于出口/入口通道的一侧。

实验硬件设备：超高频 RFID 读写器（UHF RFID reader）、Impinj E41b 标签、个人电脑。其中超高频 RFID 读写器的相关参数如下：

读写芯片采用韩国 PR9200 芯片；

使用 FT232 USB 转串口芯片；

内置 2 dbi 圆极化天线，读取范围为 80 cm～2 m；

标签识别速度＞50 张/秒；

支持 USB2.0/RS232/韦根 26/韦根 34；

支持 USB 供电、支持独立电源供电；

可配置成自动读取模式；

极低功耗，室温下长期连续满负荷工作不发热。

软件环境：Win7、VS2010。

RFID 标签阵列与读写器相距 30 cm 的固定宽度，用来模拟通道两侧的读写模块和 RFID 标签阵列。

7.4.1 相同范围不同速度 RSSI 值变化趋势研究

这部分研究了障碍物在通道处遮挡的范围一定时（障碍物宽度一定）以不同速度经过通道对 RSSI 值的变化是否有影响，若有影响则分析 RSSI 值的变化趋势。在实验时，将固定宽度的障碍物以 0.0056 m/s，0.014 m/s，0.032 m/s 的速度分别经过通道，分别记录连续的 150 个值，并将其中 10 个最大值、10 个最小值去掉，得出一组数据。改变障碍物的宽度再进行实验，本实验中采用障碍物的宽度分别为 10 cm（占通道 1/3）、20 cm（占通道 2/3）、30 cm（通道完全覆盖）。将数据整理得到如下结果。

（1）障碍物宽度为 10 cm 时，以 0.0056 m/s，0.014 m/s，0.032 m/s 的速度分别经过通道，RSSI 值的变化如图 7.11 所示。

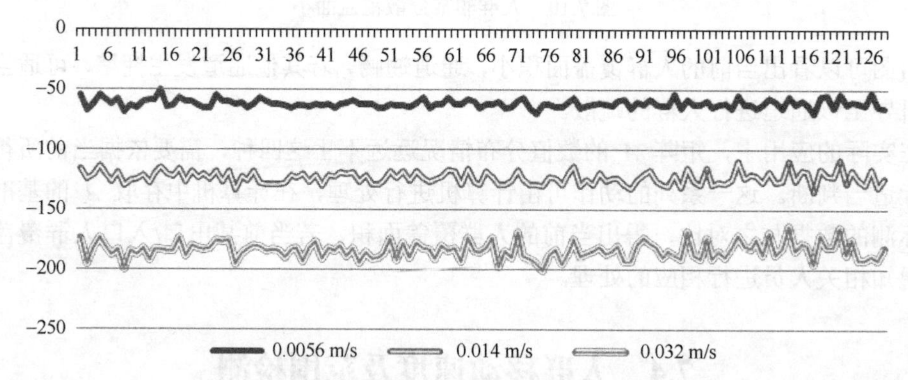

图 7.11 标签 3×3 矩阵排列障碍物（宽度 10 cm）以不同速度移动情况下 RSSI 值的变化情况

（2）障碍物宽度为 20 cm 时，以 0.0056 m/s，0.014 m/s，0.032 m/s 的速度分别经过通道，RSSI 值的变化如图 7.12 所示。

（3）障碍物宽度为 30 cm 时，以 0.0056 m/s，0.014 m/s，0.032 m/s 的速度分别经过通道，RSSI 值的变化如图 7.13 所示。

由实验数据可以看出，障碍物的宽度固定时，障碍物的移动速度越快，RSSI 的值越大，其变化曲线的振幅越大。

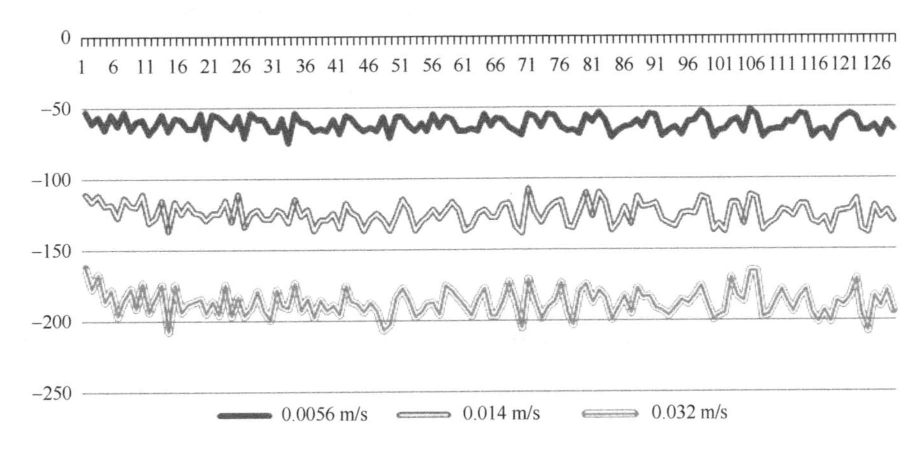

图 7.12　标签 3×3 矩阵排列障碍物（宽度 20 cm）以不同速度移动情况下 RSSI 值的变化情况

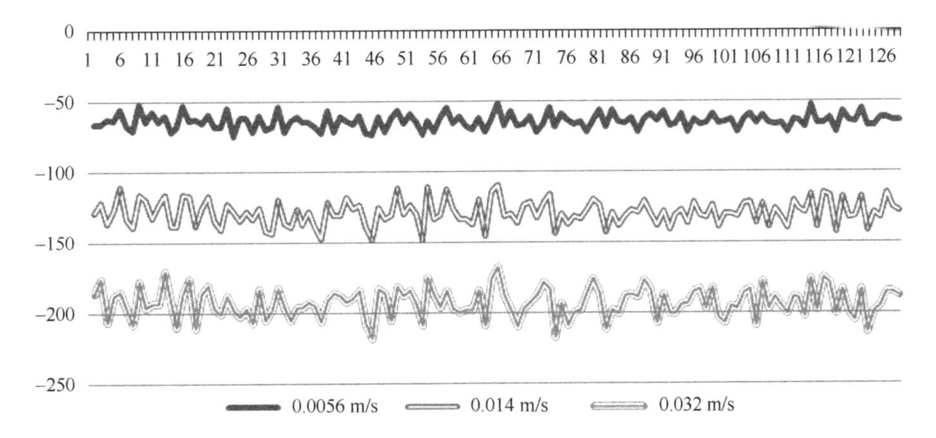

图 7.13　标签 3×3 矩阵排列障碍物（宽度 30 cm）以不同速度移动情况下 RSSI 值的变化情况

7.4.2　相同速度不同范围 RSSI 值变化趋势研究

这部分研究了不同宽度的障碍物（即障碍物在通道的遮挡范围不同）以相同速度经过通道对 RSSI 值的变化是否有影响，若有影响则分析 RSSI 值的变化趋势。在实验时，将不同宽度的障碍物以相同的速度分别经过通道，分别记录连续的 150 个值，并将其中 10 个最大值、10 个最小值去掉，得出一组数据。改变障碍物的速度再进行实验，本实验中采用障碍物的速度分别为 0.0056 m/s，0.014 m/s，0.032 m/s，将数据整理得到如下结果。

（1）10 cm（占通道 1/3）、20 cm（占通道 2/3）、30 cm（通道完全覆盖）的障碍物以 0.0056 m/s 的速度分别经过通道，RSSI 值的变化如图 7.14 所示。

（2）10 cm（占通道 1/3）、20 cm（占通道 2/3）、30 cm（通道完全覆盖）的障碍物以 0.014 m/s 的速度分别经过通道，RSSI 值的变化如图 7.15 所示。

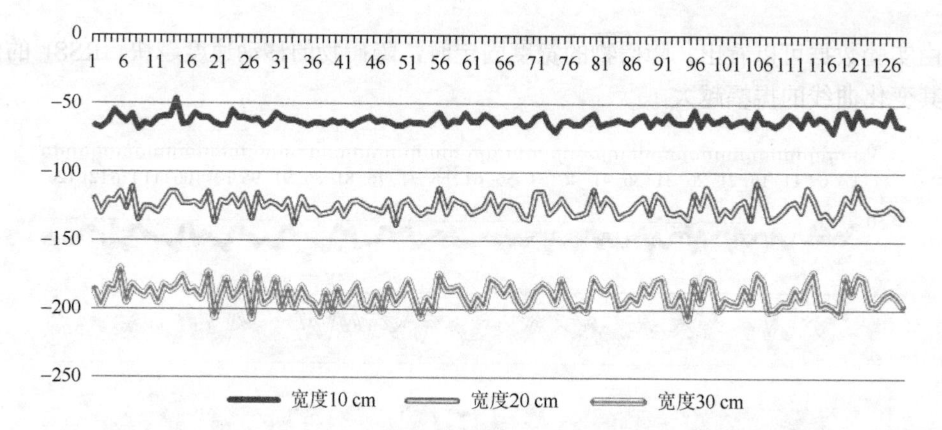

图 7.14 标签 3×3 矩阵排列相同速度（0.0056 m/s）不同宽度的障碍物情况下 RSSI 值的变化情况

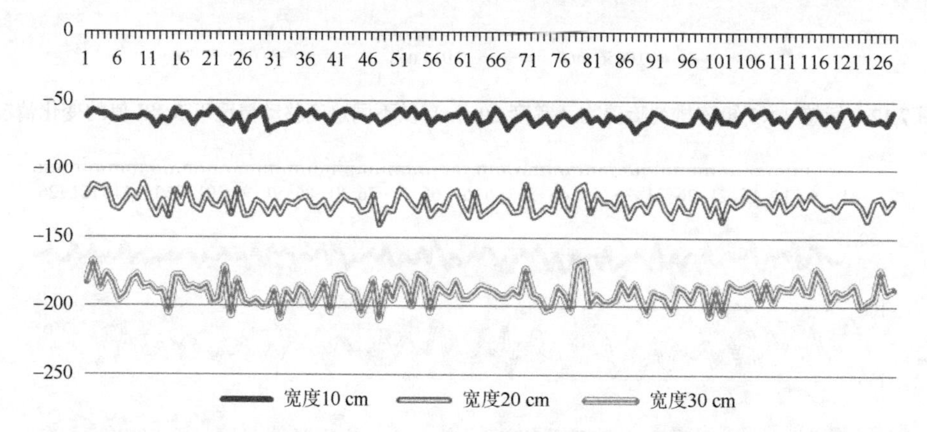

图 7.15 标签 3×3 矩阵排列相同速度（0.014 m/s）不同宽度的障碍物情况下 RSSI 值的变化情况

（3）10 cm（占通道 1/3）、20 cm（占通道 2/3）、30 cm（通道完全覆盖）的障碍物以 0.032 m/s 的速度分别经过通道，RSSI 值的变化如图 7.16 所示。

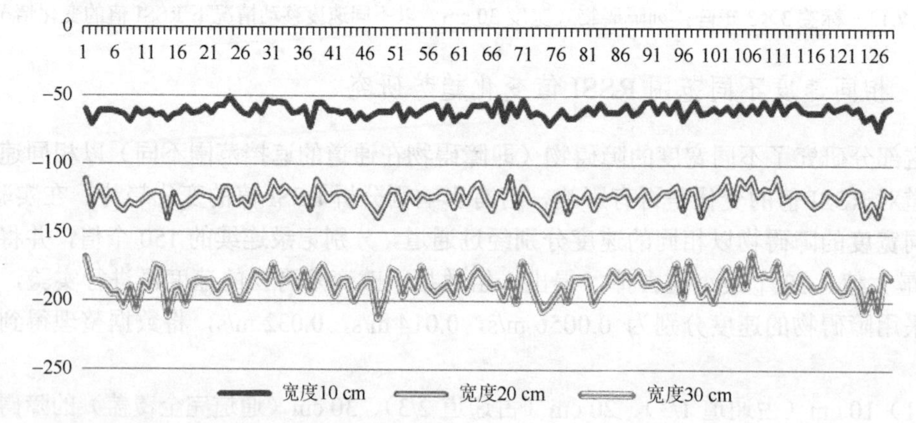

图 7.16 标签 3×3 矩阵排列相同速度（0.032 m/s）不同宽度的障碍物情况下 RSSI 值的变化情况

由实验数据可以看出，障碍物的移动速度固定时，障碍物的宽度越宽，RSSI 的值越小，其变化曲线的振幅越大。

7.4.3 依据人群移动速度及范围判断当前人流量

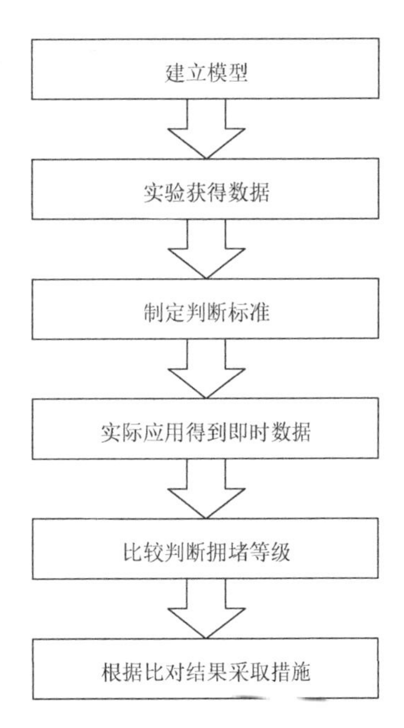

图 7.17 系统流程

经前两小节的实验结果证明，RSSI 值的变化趋势以及范围受到障碍物速度和范围的影响，并且据此作为理论依据，分析前通道人流的速度以及范围。在这个部分中将会按照如下流程进行：建立模型、实验获得数据、制定判断标准、在实际的应用中得到数据、比较拥堵等级、根据对比结果采取措施。如图 7.17 所示。

（1）建立模型。整个系统的构成在 7.3.1 小节已作了详细的叙述。

（2）实验数据获取及处理。实验环境在 7.4.1 作出详细的说明，这部分将应用到出口/入口通道两侧的读写模块、RFID 标签阵列、天线和处理单元。读写模块与处理单元相连接，将电子标签的数据信息传递给处理单元，处理单元获得相应的数据。

（3）制定判断标准。根据最终处理的数据结果得到基准值，按照某种要求制定人流量速度与范围判断标准，此处以 0，1，2，3 为例。0 代表该通道人流量小、通道通畅；1 代表该通道人流量适中，通道较通畅；2 代表该通道人流量较大，通道较通畅，但需要防范在短时间内出现拥堵情况；3 代表该通道人流量大，通道非常拥挤，需要采取人群疏散措施。

（4）在实际应用中得到即时数据。在实际的应用中，处理单元会不断地接收到数据，并将单位时间接收到的数据进行处理。

（5）判断当前通道的拥堵等级。将单位时间内接收到的数据的处理结果与之前的判断标准里的基准值相对比，判断出当前的拥堵等级。

（6）根据等级采取相应的措施。若拥堵等级为 0，1，则不用采取措施；若拥堵等级为 2，则需要对当前的出口/入口进行相应的预防措施，防止在短期内发生拥堵；若拥堵等级为 3，则当前需要采取紧急措施，必须进行人群的疏散，将人群向拥堵等级为 0/1 的出口/入口进行疏散，防止公共场所发生挤压踩踏等恶性事件。

1. 固定范围 RSSI 与速度的关系

在对固定范围 RSSI 与速度的关系的研究中，将使相同宽度的障碍物以不同的速度经过通道，记录不同速度下 RSSI 的值，其中取连续时间段中 150 个 RSSI 值，去除其中 10 个最大值和 10 个最小值，对剩下的 130 个值取平均值，得到一组数据。为使结果更有说服力，将改变障碍物的宽度，再做实验，本研究中取障碍物的宽度分别为 10 cm、20 cm、30 cm。实验数据整理如图 7.18 所示。

图中，L_1 表示宽度为 10 cm 的障碍物不同速度下 RSSI 的变化趋势；L_2 表示宽度为 20 cm 的障碍物不同速度下 RSSI 的变化趋势；L_3 表示宽度为 30 cm 的障碍物不同速度下

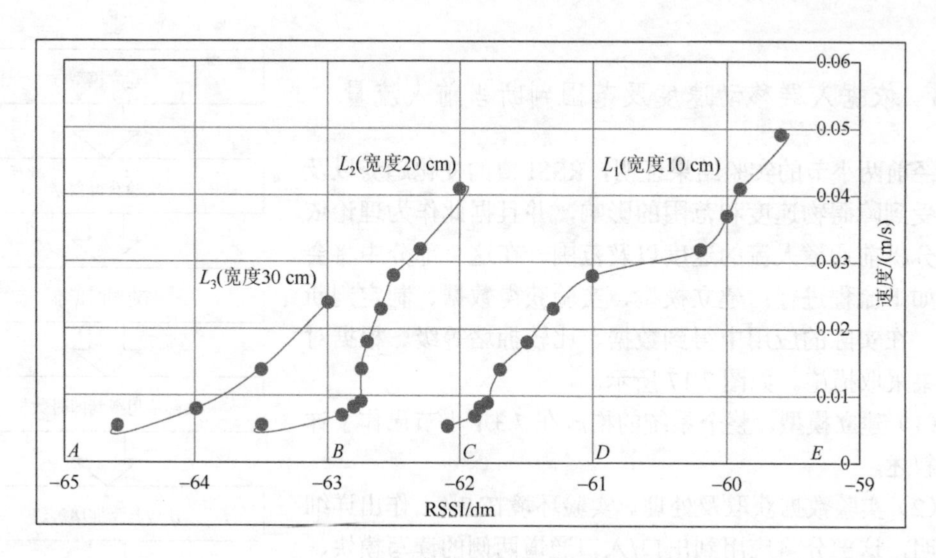

图 7.18　不同范围 RSSI 值与速度的关系

RSSI 的变化趋势。由图可以看出：当障碍物的宽度一定时，RSSI 的值随速度的减小而减小；当障碍物的速度一定时，RSSI 的值受障碍物宽度的影响，障碍物越宽，RSSI 值越小。依据 0～3 等级划分，将图划分为四个部分。

A～*B*：RSSI 值＜−63 db，此时，障碍物宽度为 30 cm 时说明当前人流量极大，通道（实验宽度为 30 cm）已完全被障碍物覆盖；障碍物为 20 cm 时，障碍物的移动速度很慢。可判断当前通道的流量较大，在这种情况下定义当前人流量等级为 3。

B～*C*：−63 db＜RSSI 值＜−62 db，此时，障碍物宽度为 20 cm 时通道（实验宽度为 30 cm）被障碍物覆盖了 2/3，障碍物的移动速度较快；障碍物宽度为 10 cm 时障碍物的移动速度很慢。可判断当前通道的流量适中，在这种情况下定义当前人流量等级为 2。

C～*D*：−62 db＜RSSI 值＜−61 db，此时障碍物的宽度为 10 cm，障碍物移动速度较慢，通道畅通，这种情况下定义当前人流量等级为 1。

D～*E*：RSSI 值＞−60 db，此时，障碍物的宽度为 10 cm 时，障碍物的移动速度快，通道畅通；障碍物的宽度小于 10 cm 时，无论障碍物移动速度的快慢，都可判断为畅通，这种情况下定义当前人流量等级为 0。

2. 固定速度 RSSI 与范围之间的关系

在对固定速度 RSSI 与范围的关系的研究中，将不同宽度的障碍物以相同的速度经过通道，记录不同宽度障碍物的 RSSI 的值，其中取连续时间段中 150 个 RSSI 值，去除其中 10 个最大值和 10 个最小值，对剩下的 130 个值取平均值，得到一组数据。为使结果更有说服力，将改变障碍物的速度，再做实验，本研究中取障碍物的速度分别为 0.0056 m/s、0.014 m/s、0.032 m/s。实验数据整理如图 7.19 所示。

图中，S_1 表示不同宽度的障碍物以 0.032 m/s 的移动时 RSSI 的变化趋势；S_2 表示不同宽度的障碍物以 0.014 m/s 的速度移动时 RSSI 的变化趋势；S_1 表示不同宽度的障碍物以

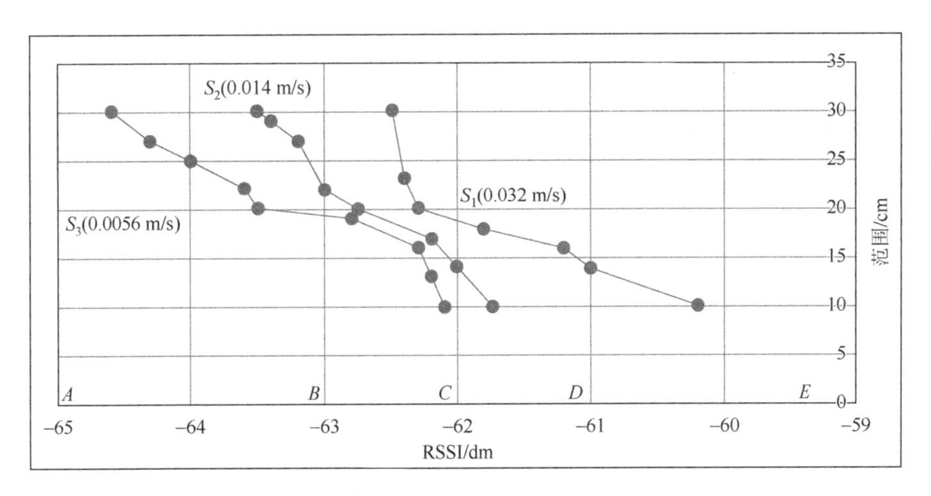

图 7.19　不同速度 RSSI 值与范围的关系

0.0056 m/s 的速度移动时 RSSI 的变化趋势。由图可以看出：当障碍物的速度一定时，RSSI 的值随障碍物宽度的增大而减小；当障碍物的宽度一定时，RSSI 的值受障碍物速度的影响，障碍物速度越小，RSSI 值越小。依据 0～3 等级划分，将图划分为四个部分。

A～*B*：RSSI 值<−63 db，此时障碍物速度小于 0.014 m/s，障碍物在通道的覆盖范围大于 2/3，说明当前人流量极大，在这种情况下定义当前人流量等级为 3。

B～*C*：−63 db<RSSI 值<−62 db，此时，障碍物在通道的覆盖范围为 1/3～2/3 时，障碍物的移动速度小于等于 0.014 m/s；障碍物在通道的覆盖面积大于 2/3 时，障碍物的移动速度大于 0.032 m/s。可判断当前通道的流量适中，在这种情况下定义当前人流量等级为 2。

C～*D*：−62 db<RSSI 值<−61 db，此时障碍物在通道的覆盖范围小于 2/3，障碍物的移动速度大于 0.014 m/s，通道畅通，这种情况下定义当前人流量等级为 1。

D～*E*：RSSI 值>−60 db，此时，障碍物在通道的覆盖面积小于 1/3，其移动速度足够快，可判断为畅通。这种情况下定义当前人流量等级为 0。

由相同范围 RSSI 与速度的关系和相同速度 RSSI 与范围之间的关系的研究结果表明，依据现有的实验环境，可制定以下的标准：若 RSSI 值<−63 db，当前人流量等级为 3；若−63 db<RSSI 值<−62 db，当前人流量等级为 2；若−62 db<RSSI 值<−61 db，当前人流量等级为 1；若 RSSI 值>−60 db，当前人流量等级为 0。在实际的应用中依据单位时间内 RSSI 值的平均值的范围判断出当前人流量的等级。

参考文献

单承赣，单玉峰，姚磊，等，2015. 射频识别（RFID）原理与应用[M]. 北京：电子工业出版社.

付丽华等，2017. RFID 技术及产品设计[M]. 北京：电子工业出版社.

高建良，贺建飚，2013. 物联网 RFID 原理与技术[M]. 北京：电子工业出版社.

黄玉兰，2016. 射频识别（RFID）核心技术详解[M]. 北京：人民邮电出版社.

刘同娟，杨岚清，胡安琪，2016. RFID 与 EPC 技术[M]. 北京：机械工业出版社.

宁焕生，张彦，2008. RFID 与物联网：射频、中间件、解析与服务[M]. 北京：电子工业出版社.

彭力，冯伟，2013. 无线射频识别（RFID）工程实践[M]. 北京：北京航空航天大学出版社.

青岛东合信息技术有限公司，2014. RFID 开发技术及实践[M]. 西安：西安电子科技大学出版社.

王佳斌，张维纬，黄诚惕，2016. RFID 技术及应用[M]. 北京：清华大学出版社.

谢磊，陆桑璐，2016. 射频识别技术：原理、协议及系统设计[M]. 北京：科学出版社.

俞晓磊，2015. 典型物联网环境下 RFID 防碰撞及动态测试关键技术：理论与实践[M]. 北京：科学出版社.